"가슴이 따뜻해지는 감동을 드립니다."

_______________________ 님께

_______________________ 드림

떠난 뒤에 오는 것들

여행에서 찾은 100가지 위로

이하람 지음

상상출판

여행은 사랑처럼 뜨겁게 찾아온 열병이었다

여행하는 동안 나는 청춘처럼 펄펄 끓다가도 심장이 시리도록 방황했다. 예쁜 꽃잎이 어깨 위로 떨어지고, 갓 베인 풀냄새가 싱그러운 계절을 불러들였다. 가을은 여전히 쓸쓸했지만 겨울엔 눈송이처럼 달콤한 사랑이 내게 찾아오기도 했다. 내가 일상이라고 여겼던 것들에서 조금만 벗어나도 여행이었다. 늘 가던 카페 대신, 낯선 동네에서 맡는 커피 향, 그게 여행이었다. 늘 바라보던 것들에서 조금만 시선을 돌려도 여행이었다. 버스 타던 습관을 버리고 구석구석 골목길을 밟아보고, 공항이 아닌 버스터미널에 가 심장이 뛰는 만큼 용기를 내어 심야 행 고속버스에 몸을 실었다.

얼마만큼 떠나왔는지는 여행을 따지는 기준이 아니다. 중요한 건 항공사 마일리지가 아니라, 내 가슴이 지금 여행 중이라는 것이다. 여행을 많이 해도, 떠나는 것에 익숙한 사람은 없다. 습관처럼 떠난다고 말하는 이들도 떠나는 날이 되면 갈팡질팡 한다. 망설이고 고민하고 부딪힌다. 배경은 달라져도 고민은 늘 같다. 성적, 취직, 상사, 대출, 결혼, 사랑…. 탈출할 수 없다. 여행은 해결책이 아니기 때문이다.

여행의 묘미를 제대로 맛보려면 내가 속한 일상을 먼저 사랑해야 한다. 그런 후에 마음이 단단해지고 시야가 또렷해지는 여행의 각성효과를 느끼는 것이다.

두 번 다시 보지 못할 풍경 앞에 선다고 대단한 깨우침을 얻는 건 아니다. 몽골에 다녀오면 마음의 찌든 때가 다 벗겨질 것 같고, 인도 여행을 마치면 철이 들 것 같고, 오지마을에서 반딧불에 의지하며 몇 날 밤을 보내면 마치 도가 틀 것 같았지만 여행은 멀리 떠나왔다고, 일상에서 멀어졌다고 더 대단하고 근사한 것이 아니었다.

그저 풍경이 건네는 이야기에 귀를 기울였다. 하늘과 바람과 새와 고양이, 골목 담장과 구겨진 계단, 봄꽃과 겨울가지. 공간과 계절이 만들어낸 소박한 풍경들은 언제나 우리에게 말을 걸고 있었다.

이 책은 풍경의 무늬를 그려 넣은 스케치북이고, 풍경의 목소리를 받아 적은 노트이다. 우리가 인생에서 만나게 되는 뜨거운 순간들. 삶도 사랑도 여행이라고 믿는 아름다운 그대들을 위한 편지다.

2012년 8월 무더운 여름날에

이하람

: *contents*

WELCOME TO
SNOW-LAND
LODGE
AND RESTAURANT
HOTEL SNOW LAND LODGE
&
Restaurant
ANNAPURNA BASE CAMP
4130 Mtrs

WELCOME TO
HOTEL
PARADISE GARDEN
& RESTAURANT

#1 당신은 여행 중

풍경도 말을 한다.
낙엽은 사랑하는 이에게 엽서를 쓰라 하고
파도는 멈추지 말고 요동치라고, 함박눈은 순박하게 기뻐하라고 말한다.

여기, 바람도 구름도 대답 없는 풍경이 있다.
시간이 정지한 듯 한없이 나른한 풍경.
하늘과 바다 사이 허공에 누워 낮잠이 들고 싶은 고요한 풍경.

#1 당신은 여행 중

고요한 것은 가득 차 있는 것이라고 한 시인이 말했다.
텅 빈 풍경을 오랫동안 바라보니 이내 가슴이 차오른다.
고요하다고 풍경이 침묵하는 건 아니다.

풍경이 건네는 말이 들리면 당신은 여행 중이다.

#2 그곳에 가지 못해도

TWIX
BOUNTY
TWIX
BOUNTY
SNICKERS
Mars
Mars
Marlboro
Himalaya Shop

글을 쓰러 오면 방 하나를 내어준다는 강원도 평창 염소목장 사장님 부부.
암에 걸렸던 먼 친척이 이곳에서 3개월, 좋은 공기 좋은 물 마시며 쉬었더니
거짓말처럼 병이 싹 나았다고 한다.
그러니 여기 와서 글을 쓰면 분명 아주 좋은 글이 나올 거라고,
직접 담근 솔잎주와 오미자차는 서비스, 염소도 잡아준다 하셨다.
자가용으로도 한참을 올라가야 하는 산골마을,
목장 사장님이 지인들을 위해 지었다는 나무로 지은 작은 펜션.
펜션 전화번호도 없고, 인터넷 홍보도 하지 않고 오직 초대한 손님들만
머물 수 있다는 그곳에 VIP가 되었다.

네팔에서 만난 티벳 승려 텐파에게 전화가 왔다. 고향에 계시는 부모님이
트레킹 여행자들이 머물 수 있는 롯지를 지었단다. 트레킹을 또 하게 되면
꼭 부모님 식당에 들러 쉬어 가라고, 가장 좋은 방에 가장 맛있는 음식을
부모님이 공짜로 내어줄 거라고 했다.
텐파가 말한 그곳은 해발 3400미터에 있는 남체Namche.
하늘과 가까운 높이에서 나를 초대한다니, 지금이라도 가방을 싸고 싶다.
인도에서 만난 아르헨티나 청년 줄리엥은 내 페이스북에 글을 남길 때마다
"from Boenos ires"라는 꼬리말을 달아 여행자인 내 가슴에 불을 지피곤 한다.
부에노스아이레스의 요리사인 줄리엥은, 언제든 이곳에 오면 날 위한 만찬을
준비하겠다고 말했다.

"모두가 너를 기다리고 있어."

그들의 초대를 받고도 나는 아직 그곳이 아닌 이곳에 있다.
그러나 아득히 멀게 느껴져도 마음만 먹으면 며칠 내로 그곳에 가 있게
될지도 모른다는 상상이, 나를 두근거리게 한다.
그래서 아직 그곳에 가지 못해도 나는 행복하다.

#3 최초의 것들

수술에 최초로 마취를 사용한 의사는 환자에게 요상한 마법을 부린다는
오해를 받아 사형 위기에까지 몰렸다.
최초로 사진술을 보급한 조지 이스트만은 1888년 코닥 카메라를 생산했다.
소련 우주비행사 유리 가가린이 최초로 우주비행에 성공하고
닐 암스트롱은 8년 뒤, 최초로 달 착륙에 성공한다.
최초의 청바지는 1850년 텐트용 천과 마차 덮개를 이용해 만들어졌다고 한다.
〈최초의 것들(The Firsts)〉이란 제목의 이 책에는 인류 역사에 남은
최초의 업적들이 열거되어 있다.
인류에겐 과연 최초로 발견하고 발명할 것들이 얼마나 더 남아 있을까?
1등이 아닌 최초란 단어가 참 근사하다.

#4 나무와 갈대

가지 많은 나무에는 바람 잘 날 없고 여자의 마음은 갈대라지만,
바람이 찾아오지 않는 날은 가지 많은 나무도, 갈대도 흔들리지 않는다.
사람들이 만들어낸 말 때문에 바람이 한번 들이닥쳐야 할 것 같지만
갈대와 나무는 거짓말처럼 고요하다.
바람 잘 날 없다는 가지 많은 나무도, 여자의 마음에 0순위로 비유되는 갈대도,
바람만 불지 않으면 이토록 평화로운걸.
그러니 문제는 바람이지 나뭇가지와 갈대가 아니지 않은가.

#5 갯벌

"어떻게 그렇게 빨리 바지락을 찾으세요?"

"저들이 잡아달라고 이렇게 쑥쑥 얼굴을 내밀어."

"그렇게 서서 캐면 허리 안 아프세요?"

"앉아버리면 게을러져, 서서 펄을 봐야 여기도 보고 저기도 보고….”

그러고 보니 말 한마디 없는 할아버지만 혼자 앉아 바지락을 캐신다.
바지락통이 다 차려면 아직 멀었다.
자리를 안 옮기시니 통도 펄에 반쯤은 잠겼다.
오늘은 마을회관에서 바둑이나 두려던 할아버지.
두 할머니 손에 끌려오신 게 분명하다.

#6 짜이 파는 소년

바라나시 갠지스 강가에서 낡은 주전자를 들고 다니며 짜이(차)를 파는 소년
이 있었다. 한잔 값은 5루피였다. 짜이를 주문하면 소년이 잽싸게 종이컵에
차를 따라서 주는 식이다. 기차역, 사원 앞. 시장 통 어딜가도 이렇게 짜이를
파는 이들이 있었는데 종이컵 또는 비닐컵의 크기는 소주잔 정도로 작았다.
나는 고작 한 모금정도인 컵으로는 성에 차지 않아서 소년에게 20루피를 주며
세 잔을 달라고 했다. 델리에서 12시간 만에 야간열차를 타고 막 바라나시에
도착했기에 갠지스강 앞에서 간절한 것은 무엇보다 맥주 한 캔이었다. 그러나
술을 금하는 바라나시에선 짜이로 갈증을 달랠 수밖에 없었다.
소년은 내 옆에 앉아 내가 뜨거운 짜이를 호호 불며 다 마실 때까지 기다렸다가
두 번을 더 빈 컵에 짜이를 따라주었다.

네 번째 짜이를 따르려 할 때 나는 됐다며 5루피는 너의 팁이라고 했다.

소년은 20루피를 손에 쥐고 활짝 웃더니 주전자와 종이컵 뭉치를 들고 다른 손님을 찾아 떠났다. 급하게 마신 탓인지 입천장이 아렸다.

그래도 몸 속 구석구석 퍼진 달짝지근한 짜이 향에 기운이 났다.

나는 바라나시에서 나흘을 보냈다. 내가 갠지스강으로 나갈 때마다 소년은 나를 용케도 찾아냈다. 소년이 나를 찾아낼 때마다 나는 짜이를 꼭 세 잔씩을 마시고 5루피를 팁으로 주었다.

우리가 하루에 세 번 만나면 하루에 아홉잔을 마셨다. 소년이 이 통큰 여행객을 찾아 하루종일 헤매다닐지도 모른다는 생각에 3일째 되는 날에는 내가 먼저 주전자를 든 소년을 찾기도 했다. 우리는 갠지스강의 인파속에서 서로를 발견하고 눈이 마주칠때마다 피식하고 웃었다.

내일 아그라로 떠날거라고 말했다.

"타지마할?" 두 번째 짜이를 따르던 소년이 말했다.

그래, 타지마할 보러 내일 기차를 탈 거라고 내가 말했다.

내일 오후기차라고 말하며,

나는 내일 마지막으로 맛있는 짜이를 부탁한다고 말했다.

알아들었는지 소년은 고개를 끄덕였다.

다음날 늦은 점심을 먹고 갠지스강으로 나갔다. 소년은 전날 내가 짜이를 마셨던 강가 계단에 주전자를 내려놓고 두리번거리고 있었다.

소년이 나를 발견하자 환하게 하얀 이를 드러냈고, 나도 그를 향해 환하게 웃었다. 내가 다가가자 소년은 종이컵이 담긴 바구니에서 뭔가를 꺼냈다. 그것은 흙으로 빚은 질그릇이었다. 마지막으로 내게 제대로 된 컵에 한 가득 짜이를 따라주고 싶었던거다.

소년은 손짓으로 그릇을 바닥에 던지는 시늉을 했다. 깨버리면 된다는 뜻이었다. 흙으로 구은 그릇은 단단하지 않아 일회용으로 쓰이고 버려진다는걸 알고 있었지만, 나는 빈 그릇을 갖고 가겠다고 했다. 소년이 수줍게 웃었다.

빈 그릇엔 달콤한 짜이 향이 베었다. 그리고 바라나시를 떠날 때 까지 그릇엔 따뜻한 온기가 오랫동안 남았다.

#7 강태공이 말한다

세월을 낚는다고 말하지 마라.
내가 낚싯바늘에 끼운 것은 겨울 송어가 좋아하는 갯지렁이지
남아도는 시간이 아니다. 기다림의 미학이라 말하지 마라.
두 시간 째 입질조차 없다면 기다림은 성질을 돋우는 신경질이다.

철학적인 의미를 부여하지 마라.

지금 내 머릿속은 마누라의 잔소리와
차에 바닥난 기름에 대한 걱정으로 가득 차 있다.
얼마나 잡았느냐 묻지를 마라.
나는 그저 따끈한 컵라면 한 사발이 간절할 뿐이다.

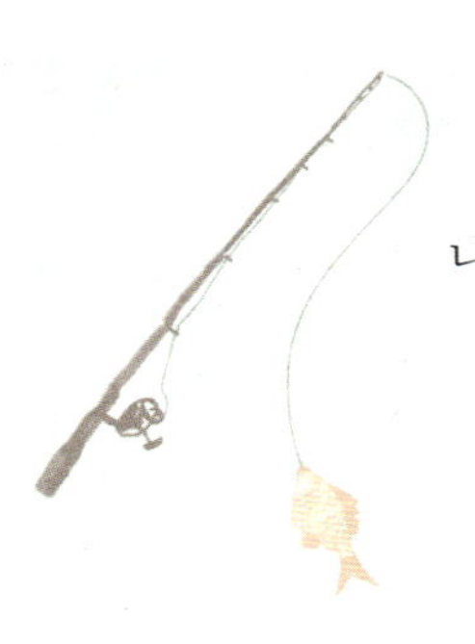

#8 세잎클로버

세잎클로버의 꽃말은 행복.
네잎클로버의 꽃말은 행운.

당신은 단 한 번의 행운을 위해 매일의 행복을
놓치고 살아가고 있는지도 모른다.

#9 순돌이와 토토

순돌이는 인천 조개구이집 앞에서 발견했어요.

고깃집도 아니고 조개구이집 앞에서 배회하다니

식당을 골라도 한참 잘못 골랐죠.

토토는 종로3가 지하철역에서 왔어요.

배가 고파 인상 좋은 아저씨를 따라다녔는데, 그 아저씬 노숙자 아저씨였죠.

아저씨도 하루 먹을 게 넉넉하지 않았어요.

우리 가족은 이 두 녀석을 길바닥에서 데려왔죠,

조개구이집 사장도 노숙자 아저씨도

자신들이 키우는 개가 아니라고 하더군요.

순돌이와 토토는 그렇게 가족이 되었어요.

몸에 묻은 때가 벗겨지고 불안했던 눈빛에 장난기가 가득해졌죠,

배고픔과 학대, 추위 따위는 잊은 지 오래됐어요.

토토는 신문지에 똥을 싸면 자랑스럽게 간식을 달라고 하고,

순돌이는 이불 속에 들어가 팔베개를 하고 자는 걸 좋아해요.

두 녀석은 우리 가족에게 사랑을 더 달라 경쟁하지 않아요.

서로를 질투하지도 않고

산책을 해도 앞서 달리지 않아요. 둘도 없는 친구가 되었죠.

마치 서로의 아픔을 아는 듯해요.

Sondol, Toto

#10 꽃

사랑을 하면 여자의 마음은 꽃이 된다.
사랑을 하는 여자만이 자신의 아름다움을 정면으로 마주한다.
떨리는 고백과 수줍은 입맞춤에 꽃이 된 여자의 마음이 활짝 피어오른다.
사랑을 할 때 여자는 가장 진한 향기를 낸다.
나는 사랑받고 있다고, 지금 사랑하고 있다고,
오월의 꽃이 그러하듯이

#11 희망

비어있다는 건 모조리 쏟아냈다는 게 아니라 무엇이든 담을 수 있는 것이다.
버려졌다는 건 쓸모없다는 게 아니라 다시 쓰일 수 있다는 것이다.

희망이란 그런 것이다.
그만두고 포기하고 내려놓은 후에 다시 꿈꿀 수 있는 것.

텅 빈 양동이에 바람을 담을 수 있고,
벗겨진 우산살 위에 하늘을 씌울 수 있는 것,

아주 작은 마음에서 희망은 시작되는 것이다.

#12 비포장도로

경고
차량 서행
낚시·어로 금지

내가 어릴 땐 동네에 비포장도로가 많았다.

작은 골목마다 포장 안 된 흙길이 많아서
여름만 되면 샌들 신은 발이 시커메졌다.

학교 갔다 돌아오는 길, 50원짜리 쭈쭈바를 사 먹을 땐
엉덩이가 더러워질까 봐 작은 몸의 반 만 한 신발주머니를 깔고 앉았다.
그래도 엄마는 아무 데나 철퍼덕 앉지 말라며 딸내미의 엉덩이를 툭툭
털어주셨고 발가락 사이엔 먼지 때가 가득했다.
작은 돌멩이로 선을 긋고 땅따먹기를 하고 한발뛰기를 하던 어린 시절.
대문 밖으로 나가면 세상이 놀이터였다. 튼튼한 운동화 하나면 되었다.
그때는 비포장도로가 참 많았다. 조금만 뜀박질을 해도 흙냄새가 풀풀거렸고,
귓구멍, 콧구멍, 손톱에도 시커먼 때가 끼었다.
80년대 후반. 길 위에 콘크리트가 앞집과 옆집 사이, 놀이터 가는 길,
문방구 가는 길 위에 깔리기 시작했다.
우리들은 아저씨들이 들어가지 말라고 경고해놓은 시커멓고 끈적한 길에
작은 발자국을 꾹꾹 찍어 넣었다.
우리들이 뛰놀던 길은 깨끗해졌고 단단해졌고 반질반질해졌다.
비포장도로 위에 아이들은 더 이상 없다. 그 길은 국회의원, 구청장, 시장이
도로를 곧 깔아주겠다고 약속하는 공약 목록일 뿐.
아이들의 작은 발은 이제 더러워질 일이 없다.

마을은 그렇게 도시로 변해간다.

#13 포식자

아무리 채워도 채워지지 않죠.
아무리 가져도 만족스럽지 않나요.

피식자가 되지 않으려면 포식자가 되어야 한다구요?
우리는 그렇게 배웠죠. 지면 안 돼. 강해져야 해.
다 잡으려고 애쓰지 말아요.
욕심은 위안이 될 수 있어도 충만해질 수는 없어요.

오후에 궂은비가 내리면 거미는 새 거미줄을 치고 또다시 사냥을 시작하겠죠.
더 큰 포식을 위해 더 큰 포획을 노릴지 몰라요.
천적이 없는 포식자의 삶에는 욕심만 있을 뿐이죠.

그러니 당신, 다 가지려고 하지 말아요.

열 개의 욕심만 덜어도 스무 개의 고민을 줄일 수 있어요.
그렇게 가볍게, 천천히 산티아고를 걷는 여행자처럼 인생이라는 길을 걸어요.
우리.

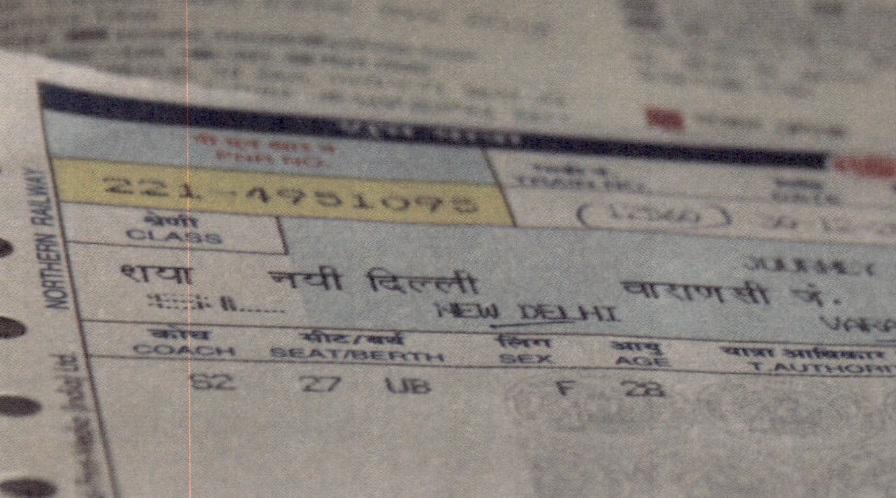
NORTHERN RAILWAY
CLASS
नयी दिल्ली
NEW DELHI
वाराणसी जं.
COACH SEAT/BERTH SEX AGE T.AUTHORIT
S2 27 UB F 28

TRANSITION TICKET

RESV UP TO

CONC   P.FEE   S.CH

Rs.THREE ZERO SIX ONLY

OLD TRNNO:2360

BOM DEP 30-12 18:45

"충동적"이라는 단어가 우리에게 부정적으로 다가오는 이유는 그 안에 사고와 사유가 없어 보이기 때문이다. 도로주행으로 보자면 시속 200킬로미터를 육박하는 속도이다. 80킬로미터 정속도를 지키면 느리게 가도 사고확률이 낮지만 엑셀러레이터를 세게 밟는 순간 아찔한 일이 생길 확률도 커진다. 충동적으로 일을 처리하면 대게는 부정적인 결과를 얻고, 후회하고 충고를 듣는 일이 많다. 극단적인 예로 절도, 폭행, 살인 뒤에 충동이 따르고, 일상적인 예로는 쇼핑, 폭식, 이별 통보, 가출 같은 것들도 충동이다. 이것들에 긍정적인 요소가 어디 있느냔 말이다. 그런데 딱 두 가지. 충동적으로 저질러도 되는 게 있다. 첫 번째는 바로 여행이다.

되돌아보면 나의 여행은 모두 충동적이었다. 작심하고 비행기 티켓 끊는 순간까지 3일이 걸리지 않았고, KTX, 고속버스는 전날이나 당일에 충동적으로 탔다. 내 모든 여행은 충동적이었음에도 나는 한 번도 후회하거나 누구로부터 "그러니까 충동적으로 일을 저지르면 안 돼"라는 조언을 들은 적이 없다. 계획 없이 무작정 떠나버린 여행이 만족스러웠던 이유는 여행에 대해 아무것도 기대하지 않았기 때문이다. 나의 여행은 "떠난다"는 그 자체에 이미 큰 의미를 두고 있었으므로, 떠난 후에 다가오는 것들은 모두 짜릿한 선물이었다.

내가 여행을 계획하고 날짜를 잡고 일정을 정하고, 꼭 가봐야 할 레스토랑과 메뉴를 정하고 심지어 그곳을 배경으로 한 영화까지 보는 치밀함을 보였다면, 여행에 대한 기대와 꿈으로 내 상상은 거대한 애드벌룬처럼 부풀었을 것이다. 여행의 시작이 충동적이었다면 마음의 준비도(물론 트렁크에 채워지는 준비물도) 적을 수밖에 없고 그래서 내게 다가오는 것들도 컸다.

사랑도 그렇다. 충동적인 사랑일수록 마음만은 진짜다. 새로 사귄 애인이 혹은 소개팅에 나올 그 사람이 궁금해 구글링을 해가며 과거를 파헤치고 흘러가야 마땅할 기록들을 뒤져보는가?

그에게 혹은 그녀에게 당신은 도대체 무엇을 기대하는지.
기대하지 말자. 사랑 하나만 품고 가자.
전 세계 60억 인구 중에서 드디어 단 한 명, 사랑하는 사람이 생겼다는 것만으로도 얼마나 벅차오르는 일이냔 말이다.

#15 봄이다

겨우내 죽은 것처럼 꼼짝도 하지 않던 나무가
봄비 머금고 나른한 기지개를 켠다.

아 , 봄 이 다 .

빈 가지마다 햇살이 매달렸다.
꽃도 나비도 가장 아름다운 빛을 내는데
봄 햇살 받은 우리들 마음은 생기 잃은 화초처럼 왜 이리도 싱숭생숭한지.
코트, 부츠, 레깅스 벗어던진 우리도 햇살처럼 가볍고 싱그러워졌는데,
왜 해마다 봄만 되면 어른들은 결혼 얘기만 하는지
친구들은 나이 얘기만 하는지.

#16 왜 나는 너를 사랑하는가

그녀는 언제 그렇게 되어버렸는지 기억이 나질 않는다고 했다.
처음부터 차근차근 생각을 해보아도,
어쩌다 사랑에 빠지게 됐는지 도무지 모르겠다는 거다.
그의 따뜻한 손을 잡은 순간일까.
그의 고백을 듣는 순간 그녀에게 마법이 일어났을까.
하지만 그 이유가 아니었더라도 지금과 같았을 거란 걸 안다.
"이건 말이지, 말로는 설명이 안 되는 게 맞는 거야."
그녀에게 말했다.
보고서처럼 분석할 수도, 수학처럼 역산할 수도 없는 게 사랑이라고 했다.
마치 사랑에 대해 잘 알고 있는 것처럼 그녀에게 말했다.

그녀는 어느 날 갑자기, 벼락을 맞은 것처럼 그 사람을 사랑하게 된 거다.
그 사람은 한 여자의 삶에 겁도 없이 뛰어들어 그녀의 모든 집중력을
흩트려놓은 거다.
'네가 사랑하고 있다는 걸 확신한다면 그에게 확인받으려 애쓰지 마'
사랑을 하고 있다는 것만으로도 충분히 아름답다고 그녀에게 말했다.

#17 구경

시장에선 엿장수의 놀이 한판이 벌어졌다.
엿장수 입담 이해할 리 없는 아이들은 시장통 울리는
각설이 가락이 그저 시끄러운가 보다.

헐렁한 무쇠 가위 쨍강 쨍강, 우스꽝스러운 분장, 울릉도 호박엿.
그래도 처음 보는 각설이 품바에 푹 빠져 일어날 생각 안 한다.

작년에 왔던 각설이를 너희가 알기는 아느냐.

#18 섬마을 오형제

어랏. 처음 보는 얼굴인데. 우리 마을 사람이 아니잖아.
카자, 위풍당당 오형제 출동이다.

#19 그게 **바로** 여행

여행은 이제껏 경험하지 못한 새로운 아침을 맞는 일.
낯선 행성에서 하루가 열리는 소리를 듣는 일.

몽골의 초원에선 기괴한 낙타울음소리.
네팔에선 새벽부터 짐 실어 나르는 당나귀 방울소리.
런던 시내 한복판에선 아침부터 사이렌소리.
코사멧 섬에선 태양을 부르는 파도소리.
친절한 호텔에서 받는 굿모닝 모닝콜.
승부 뻔 한 알람과 씨름할 필요 없고
출근길 도로상황 확인할 필요 없고
최대한 게으르고 평화롭게 아침을 맞는 일.
그래서 아침이 행복한 것. 그게 바로 여행.

#20 새의 분노

나는 지금 몹시 화나 있어.
태어나자마자 철조망 신세라니.
세상이 어떻게 생겼는지,
머리 위로 뜨는 해가 어떤 모양인지 볼 수가 없잖아.
하찮은 잎사귀도 가을이 되면 날고 싶은 대로 날다가 떨어지거늘.
내게 인공사료나 먹이고, 카메라 플레시나 받게 하다니.
내 눈은 천 미터 떨어져 있는 쥐를 볼 수 있고
내 부리와 발톱은 살아 꿈틀대는 지렁이의 숨통을 끊어 놓을 수 있을 만큼
무시무시하거늘.
나를 가둬놓고 부리도 발톱도, 끝내주는 시력도 쓸모없게 만들어?
그래서 나는 지금 몹시 분노한다구!

그런데 이봐. 당신은 왜 그러는 거야!
당신은 발목에 끈도 없고 철망에 갇혀있는 것도 아닌데
도대체 왜 내 흉내를 내고 있는 거야.

#21 소원을 말해봐

우리는 살면서 얼마나 많은 소원을 빌까?
아이들은 일기장에 소원을 적고 크리스마스를 앞두고 침대맡에서 산타클로
스 할아버지에게 편지를 쓴다. 사찰에서는 목탁소리에 맞춰 불자들이 백팔배
를 올리고, 새벽 교회는 신자들의 간절한 염원으로 가득하다.

1월 1일 아직 여명이 밝지 않은 바라나시의 검푸른 새벽.
갠지스 강을 눈앞에 둔 바라나시의 골목에서 작은 빛이 새어나왔다.
남루한 차림의 여행자 세 명이 좁은 가게 안에 새끼 새들처럼 모여 차를 마시
고 있었다.
아직 골목이 어두워 선뜻 강으로 나가지 못하고 여명이 틀 때까지 기다리는
모양이었다.
남은 의자가 있는 걸 확인하고는 짜이 한 잔을 시켰다.
가게 안 여행자들의 눈동자가 각각 따로 움직이는 걸 보니 모두 나처럼 혼자
떠나온 외로운 영혼들이었다. 나도 그들 옆에 우두커니 앉아 뜨거운 짜이를
홀짝였다.
그때, 턱수염이 덥수룩한 남자가 허리에 걸친 가방에서 수첩을 꺼내더니 볼펜
으로 열 글자쯤 적어 넣었다. 옆에 앉아있던 빨간머리의 여자가 힐끗
쳐다보자 남자는 여자에게 수첩을 내밀며 뭐라 말을 걸었다. 여자는 알아듣지
못하고 "쏘리?"라고 했다.
남자는 머리를 긁적이더니 다시 그녀에게 말했다.

"Wish. you make a wish. New year."

아, 새해 소원을 적는다는 말이었다. 그런데 수첩을 내미는 걸 보니 여자에게도

소원을 써보라고 제안을 했나 보다. 빨강 머리 여자는 빨간 입술로 활짝
웃으며 남자의 수첩을 한 장 찢어 메고 있던 배낭을 무릎에 올리고 소원을
적었다.
그는 나와 내 옆에 앉은 남자에도 수첩을 건네며 매력적인 눈빛으로 말했다.
'뭔지 알지? 너희도 할래?' 뭐 대충 이런 의미였을 거다. 그는 우리가 커플인 줄
안 모양인데 내 옆에 앉은 남자는 일본인이었다. 한국인과 일본인은 서로
말을 걸지 않아도 딱 보면 안다. 그 점을 미국이나 유럽인들은 참 신기해한다.
옆에 앉은 일본남자는 영문도 모른 채 수첩을 받아들었다. 우선 내가 한 장
찢어 갖고 한 장을 더 찢어 남자에게 건넸다. 나는 두 손을 모으며 기도를
하고 손으로 적은 시늉을 하며 설명해주었다.
"아~ 하이하이." 남자가 그제야 알아들으며 즐거워했다. 각자의 소원을 작은
종이에 적고, 우리는 짧게 서로 소개하는 시간을 가졌다.
동이 트고 있어서 본인의 나라와 이름만 돌아가면서 말했다. 아쉽게도
세 친구의 이름은 기억이 나질 않는다. 국적이 모두 달라 인도를 여행하는
내내 그들의 얼굴을 떠올릴 땐 나라를 기억했기 때문이다.
털보 청년은 독일인, 빨강머리 여자는 오스트레일리안 그리고 일본인과 한국인.
우리는 함께 갠지스 강으로 나갔다. 강가에는 촛불과 꽃잎을 담은 접시들이
띄워져있었다. 마치 우주에 담긴 수만 개의 작은 태양처럼 보였다.
띠아(Dia)라고 불리는 촛불접시를 하나씩 산 우리들은 소원을 고이 접어
꽃잎 위에 함께 올려놓았다. 그리고 각자 다른 언어로, 강에 띄운 불빛을 향해
작은 목소리로 소원을 말했다.

1월 1일 새해 파티 대신 인도를 선택한 네 명의 젊은이는 가장 먼 곳에서 가장
성스러운 방법으로 소원을 빌었다.

#22 지구 여행

세계를 여행하는 내게 누군가 그랬다.
"당신은 아직 지구를 여행하지 못했군요." 지구의 80%가 바다인데,
그 속을 들어가 봐야 진짜 지구를 여행하는 거라고 했다.
머지않아 나는 바다를 여행했다.
수족관 속 거대한 해초만 보아도 기겁하던 나였으니 큰 결심이 필요했다.
바다 안에선 소리 지르며 피할 곳이 없으니 두려움을 버려야 했다.
그렇게 지구의 바다를 만났다.
멀리서 바라보기만 했던 바다는 아찔할 만큼 아름다웠고,
가혹하리만큼 평화로웠다.
그곳에도 꽃이 피고 풀이 자라고,
육지 위의 집처럼 물고기들의 보금자리가 있었다.
바람처럼 움직이는 해류를 따라 떼 지어 물고기가 이동했다.
육지 위에 끝없는 하늘이 있는 것처럼
바닷속 절벽 아래엔 아득한 심해가 있었다.
나는 그 뒤로 자신 있게 지구를 여행한다고 말할 수 있었다.
바닷속 30미터까지 내려가 봤다고 허세를 좀 부리고 싶기도 했다
단, 누군가 나에게 이런 말을 건네지 않기를 바랄 뿐이다.
"당신은 아직도 지구를 제대로 여행하지 않았어요. 하늘을 날아봐야
둥근 지구가 한눈에 보이죠."

차라리, 다음 생에는 새로 태어나겠다.

#23 폭설

반나절 눈이 퍼붓더니 세상은 거대한 눈송이가 되었다.
눈 덮인 길이 내 다리를 붙들고, 자동차 바퀴를 잡는다.
한참을 눈 속에서 방황한다.
여길 빠져나갈 방법을 궁리하고 이곳저곳 전화도 걸어보고
차에 연료가 얼마나 남았는지 확인한다.

눈이 내 손등에서 녹다가 어깨에 쌓이다가 결국 나를 하얗게 덮쳤다.
한참을 눈 속에서 방황하다 그냥 나도 하나의 눈송이가 되기로 한다.
눈 이   되 기 로   한 다 .

#24 계단

광장보다 계단이 좋다.
시인을 닮은 상상이 모이고
발자국마다 화가의 시선이 되는 계단이 좋다.
현관에서 출발하며 내려가고
지하철역으로 퇴장해도 당당히 오를 수 있는 계단은
얼마나 아이러니한 구조물인가.
근심 가득한 나그네 철퍼덕 앉아 쉬어갈 수 있고
한 발 한 발 느린 걸음마다 노인이 살아온 세월을 가늠할 수 있는
바퀴를 허락하지 않는 계단의 뚝심은 얼마나 단단하고 멋진가.

너에게 가는 길에도 작은 계단이 놓였으면 좋겠다.
한 발씩 오르며 숨이 차는 두근거림으로 너에게 오르고 싶다.

#25 순대렐라

여행 중 시장에 들러 순대 한 접시를 시켰는데 종지에 뻘건 초고추장이
담겨 나왔다.
"아주머니, 소금은요?"
"순대를 뭘 소금에 찍어 먹어. 초장에 먹어야지"
전라도에선 순대에 초장을 찍어 먹는단다. 부산에선 막장에 먹는다지.
사는 동네에 따라 소금, 초장, 막장, 간장… 찍어 먹는 소스도 가지각색이지만,
전국 방방곡곡을 여행해보니 순대만큼 편 안 갈리고 친근한 음식도 없다.
독일의 소시지에 비유되지만 결코 세련된 음식이 아닌 순대에는 시장, 서민,
국밥이라는 꼬리말이 늘 따라다닌다. 나는 자타공인 순대마니아, 순대국밥
먹고 아메리카노 마시는 순대렐라다.
이집트에서 비둘기 고기에 익숙해질 무렵, 한국에 돌아가 가장 먹고 싶은
음식은 들깨가루 한 숟가락 넣은 순대국밥이었다. 국물에 촉촉하게 젖은
뜨거운 순대 한입이면 이집트에서 당한 사기와 바가지와 온갖 설움이 눈 녹듯
사라질 기세였다.

떡볶이와 쌍두마차를 달리며 값싸고 맛있는 음식으로 사랑받고 있지만 결코
특별한 음식은 아니다.
그런데 요 순대란 녀석을 국내 여행 중에 만나면 아주 특별해진다.
학교 앞에서 사 먹었던 떡볶이 친구 순대와는 비교할 수도 없다. 회사 앞
포장마차에서 사온 3천 원어치 순대나, 야식으로 먹는 길거리 순대랑도 다르다.
낯선 지역 낯선 시장에서 만나는 순대는 가장 익숙한 맛으로 집 떠나온
우리를 위로한다.
땅끝마을을 가도 순대가 있다. 바다 보러 속초에 가도, 비행기 타고 제주도에
가도 그곳엔 늘 언제나 순대가 있었다. 시장 어귀, 시내 골목마다 등장하는
순댓집 간판은 여행에 지치면 언제든 들어오라고 손짓한다.
먼 길 잘 왔다며 배고픈 여행자를 뜨끈하게 달래준다.

#26 여자의 사연

여자는 한참을 목놓아 울었다.
그럴 수 있는 가장 높은 곳에 올라가 생과 사의 틈에서 울며 소리쳤다.
무엇이 그녀를 아파트 지붕 위에 오르게 했을까.
여자의 비통한 사연이 허공으로 추락하며 내 가슴에 꽂힌다.
신고하려는 순간 여자는 얼굴의 눈물을 닦아내고

지붕에 올랐던 걸음보다 천천히 아파트 통로로 내려갔다.
여자에게 필요한 것은 그녀가 사는 곳보다 고작 몇 층 높은 허공이 아니다.
그녀에게 긴 여행이 필요하다고 말해주고 싶다.
더 이상 지붕에 오르지 말고,
여행을 떠나보라고 말해주고 싶다.

#27 어느 노부부의 겨울

겨울엔 발목까지 올라오는 운동화 한 켤레면 된다.
아내는 흰색은 때 탄다며 까만색으로 사자고 했지만
남편은 남은 생 하얗게 살자며 흰 운동화를 골랐다.
아내는 볕 좋은 날이면 남편의 운동화를 깨끗하게 빨아 넌다.
그래서 아내의 운동화는 남편의 것보다 때가 많이 탔다.
젊은시절 막무가내로 청혼을 하고 곱디고운 아내를 데려와 고생만 시켰다.
금반지 한번 못 껴본 손은 살아온 세월보다 거칠다.
남편은 시내로 나가 물건을 판다. 여름엔 우산이나 팔토시를, 겨울엔 장갑,
마스크를 판다. 젊은 시절 공장에서 만난 박씨의 일을 돕는 거라 많이 팔아도
많이 벌지는 못한다.
아내는 나물을 캘 수 있는 봄을 기다린다. 남편을 도울 수 없는 겨울이
아내에겐 가장 혹독하다.

겨울이 오면 남편은 찬바람 새는 대문을 손질하고 냉장고를 밖에 내놓는다.
냉장고 전기세를 아낄 수 있는 겨울은 고마운 계절이다.
남의 집 셋방살이를 하다가 공기 좋은 곳에 이사 온 지 10년.
지붕이 있고 담장이 있는 어엿한 집이 있고
무엇보다 한평생 함께하자던 젊은 날의 약속대로 서로의 온기에 잠이 드니
노부부는 가난하지 않다.

#28 어떤 삶이 다가오든

원래부터 둥근 자갈은 없지 않나요.
산에서 굴러 내려왔든지 절벽에서 쪼개졌든지,
거친 돌은 오랜 세월에 걸쳐 깎이고 다듬어졌을 거예요.
사람도 마찬가지죠. 원래부터 그런 사람은 없어요.
우리 인생에 파도와 바람이 불 때마다 둥글게 다듬어지고, 마른 땅 위라면
둥근 돌이 다시 쩍하고 갈라져 모가 날 수도 있겠죠.
순하고 착했던 사람이 어느 순간 독하고 억세게 변해있는 것처럼 말이에요.

못된 자존심 하나로 살던 사람이 먼저 화해의 손을 내미는 날이 오기도 하죠.
지금 당신의 인생에는 파도가 치나요, 바람이 부나요. 아니면 잔잔한 호수에
앉아있나요.
처음부터 강한 사람은 없어요.
처음부터 나약한 사람도 처음부터 까칠한 사람도 없어요.
우리 앞에 어떤 삶이 다가오든
우리는 그에 맞게 견뎌내고 적응하고 있으니까요.

어미는 주인 손에 끌려 파란 트럭 주인에게로 갔다.
오래전 기억이다.
가장 포근했던 어미의 품이 그리워 밤새 울었지만
파란 트럭은 다시 찾아오지 않았다.
딱딱한 합판 위에서 태어나 한 번도 흙을 밟아본 적이 없다.
하루 두 번 문이 열리지만 문밖을 나가본 적이 없다.
몸집이 작았을 때에는 문턱이 높아 무서웠고,
철창의 키만큼 자랐을 때에는 주인이 무서웠다.
그래서 문밖으로 발을 내디딜 수 없었다.

그래도 가끔은 바깥세상이 궁금하다.
어미가 타고 간, 파란 트럭이 향한 곳. 그곳은 천국일까?
어미만큼 몸집이 크면 우리도 밖으로 나가게 될까?
세상 구경을 하게 될까?

#30 鵲之一言(작지일언)

태어난 게 까치다.
까치라고 남의 집 앞마당에서 반가운 손님 소식이나 전하는 줄 아시는가.

까치로 태어난 나는 독수리처럼 비상을 꿈꾼다.
독수리 따라 날다 숨이 차올라 삼 리밖에 날지 못해도
이런 나를 그 누구도 새가슴이라 놀리지 못한다.

어떤 놈은 독수리로, 어떤 놈은 까치로, 어떤 놈은 참새로 태어난다.

무엇으로 태어난 게 무슨 상관인가.
얼마나 비상하느냐 어떻게 하늘을 품느냐가 중요하다.
적어도 우리 조류계(鳥類界)에서는 그렇다.

인간계는 어떠한가?

나, 까치가 묻는다.

그를 처음 만난 날, 나는 몸이 아팠다.

구태여 앉아있지 않아도 될 자리였지만 나는 이대로 일어나는 게 왠지
아쉬웠다.

그에게 첫눈에 반한 것도 아니고 그가 나에게 적극 호감을 표시한 것도 아니
었다. 그런데 나는 그에게 괜찮은 여자로 보이고 싶었다.

컨디션이 안좋아 인상을 쓰고 있는 내 모습이 첫인상으로 각인되는 게 싫어
나는 화장실에 가 찬물로 얼굴을 적시고 거울을 보며 애써 밝은 표정을
지었다. 술에 취하면 아픈 게 좀 둔해질까 그와 잔을 부딪치며 홀짝홀짝 술을
들이켰다.

사무적으로 최소한의 매너만 지키던 그가 어느 순간 내 앞에 앉아 나만 바라보
며 내게만 말을 걸고 있었다. 나는 으레 다른 여자들이 그렇듯 뒤로 한 뼘 물러
나 도도하려 했으나, 어느새 그의 휴대폰에 나의 번호를 찍어주고 있었다.

우리는 일주일 뒤, 정식으로 데이트했다.

그는 내가 빨리 낫기를 기다렸다고 했고, 나는 그와 빨리 만나려고 안 가던
병원에도 다녀왔다.

내가 그에게 다가가면 그도 어느새 내게 이만큼 다가와 있었다.

나는 그렇게 그를 사랑하게 되었다.

그를 처음 만났던 그날, 내가 몸이 좋지 않다고 일어나, 아스피린 두 알 먹고
일찍 잠이 들었다면 우리는 사랑하게 될 기회조차 얻지 못했을 것이다.

영화 〈섹스 앤 더 시티〉에서 캐리의 개인 비서가 된 루이스는 뉴욕에 온 이유
를 망설임 없이 '사랑에 빠지기 위해서'라고 했다.

사랑에 빠질 준비가 되어있다면, 사랑이 먼저 당신을 찾아갈 것이다.

도대체 어디에 가면 사랑을 찾을 수 있을까 고민하지 마라.

사랑이 앉을 내 마음에 돗자리를 펴면, 누군가 향긋한 과일바구니를 들고
당신 안에 앉을 것이다.

#31 사랑에 빠질 준비가 되어있는가

#32 그게 사랑이란 걸

그게 사랑이란 걸 어떻게 확신합니까?

이게 사랑이 맞는지 단 한 번도 의심해본 적 없거든요.

#33 딜레마

내가 아는 한 시인은 책 한 권으로 건물을 샀다.
내가 아는 한 사진가는 포토에세이를 내고 외제차 한 대를 뽑았다.
소설가인 내 친구는 소설 판권으로 강남에 작업실을 구했다.
책 말고 가사를 써야 돈이 될 거라며, 음반을 제작하는 지인은 내게 음원을
보내주겠다고 한다.
요즘 난 글을 써서 돈을 많이 벌고 싶다는 생각을 한다.
분기마다 들어오는 인세로 3개월을 쪼개 쓸 고민하지 않고, 연재한 원고료가
1년째 안 들어와 내 전화 피하는 언론사 대표한테 소액재산청구니 지급명령
신청이니 이런 말 꺼내지 않고, 글보다 돈 되는 강의나 방송출연을
우선순위로 삼고 싶지 싶다.
책만 써도 돈을 잘 벌게 되어서
작가가 되고 싶은 대학생들에게 자신 있게 이 길을 추천하고
잘 다니던 직장 때려치우고 여행 떠나 책 한 권 써보고 싶다는 사람들에게
믿을 만한 조언을 해줄 수 있는 글쟁이가 되고 싶다.

#34 목까지 차오른다면

그리움이 목까지 차오른다면 그 사람을 찾아가라.
답답함이 목까지 차오른다면 당장 사표를 써라.
슬픔이 목까지 차오른다면 펑펑 울어라.
사랑이 목까지 차오른다면 망설이지 말고 고백해라.
화가 목까지 차오른다면 지금 당장 소리를 질러라.

참고 참다가 목구멍까지 차올랐다면 그래도 된다.
이제껏 잘 참은 거다. 잘 버텨온 거다.

#35 일어나지도 않을 걱정

나는 수십 번 비행기를 탔어도 여전히 비행공포증을 떨치지 못하고 있다.
그런 내가 네팔에서 국내선 경비행기를 타야 하는 순간과 맞닥뜨렸다.
버스로 가려면 10시간은 걸리는 일을 눈 딱 감고 비행기를 타면 40분 만에
도착한다니 나는 맥주 한 캔 마시고 20인승도 채 안 되는 작은 비행기에 몸을
실었다. 내가 앉은 자리에서 조종석에 앉은 기장의 뒷모습과 곧 구름을 가를
작은 유리창이 보였다.
승무원은 낮은 천정 때문에 허리를 숙인 채 승객들에게 사탕과 귀마개용 솜을
하나씩 나눠줬다. 나는 솜으로 두 귓구멍을 틀어막고 비행기 바퀴가 활주로를
구르는 동시에 눈을 질끈 감았다. 몸체가 작은 비행기가 히말라야 바람에
휘청일 때마다 허벅지를 움켜쥐며 눈을 더 꼭 감았다. 그렇게 비행시간 40분
동안 나는 단 한 번도 눈을 뜨지 않았다.
물론 우리의 경비행기는 안전하게 카트만두 국내선 터미널에 도착했다.
눈꺼풀에 쥐가 날 정도로 꽉 감은 눈을 뜨고 좌석에서 일어섰다. 그런데
승무원이 내게로 다가와 씽긋 웃더니 말을 걸어왔다.
“여행자인가요?”
“네.”
“당신은 오늘 여행자가 볼 수 있는 네팔 최고의 광경을 놓쳤군요.”
나는 뜨끔했다.
‘겁을 잔뜩 먹고 실눈도 안 뜨고 바보처럼 벌벌 떠는 내 모습을 지켜봤군.’
그리고 곧 후회가 밀려왔다.
어차피 최악의 상황은 일어나지 않았고 내가 걱정을 하든 하지 않든 달라질
건 아무것도 없었다. 나는 경비행기 발아래로 펼쳐진 히말라야산맥의 장대한
줄기를 하늘에서 내려다볼 행운을 스스로 버린 것이다.

한 노인이 죽기 전에 이런 말을 했다.
“살면서 나를 괴롭히던 걱정들은 대부분 일어나지 않았다.”
일어나지도 않을 걱정들로 우리는 얼마나 많은 시간을 허비하고 있는가.

#36 사람일기

3년 전 제주도로 2박 3일 방송촬영을 간 적이 있다.

〈경제매거진〉이라는 프로그램이었는데 코스피지수나 선물옵션에 관한 내용
이 아닌 전기세 아끼는 법, 소득신고 잘하는 법, 연말정산 잘 받는 법 등
아껴서 잘 살자는 내용이 주를 이루는 프로였다. 그러니 나의 제주도 여행은
저가항공을 타고 스쿠터를 빌리고 올레길을 걸으며 고기국수를 먹고 저렴한
여관에서 잠을 자는 알뜰한 제주도 여행법을 시청자에게 알려주자는
취지였다.

그렇게 초절약하며(따지고 보면 나는 출연료를 받고 여행을 한 셈이지만)
제주도를 여행했는데, 일정을 함께하게 될 PD와 카메라 감독을 사전미팅도
없이 김포공항에서 처음 만났다.

나는 제주도가 처음이어서 촬영이라는 부담감보다 처음으로 제주도로
떠난다는 설렘이 훨씬 컸다. 다음 주에 결혼한다는 예비신랑 PD와 인상 좋고
푸근했던 결혼 3년차 카메라감독과 서로 통성명을 하고 저가비행기에 올랐다.
스쿠터를 못 타는 나는 자전거를 타고 삼나무숲길을 달렸고, 저물녘 오름에
오르고 바닷가를 따라 올레길을 걸었다. 가끔은 내키지 않아도 PD의 연출에
따르고, 타이트 샷을 한 번 더 딴다고 걸었던 길을 되돌아가 다시 걷고, 여행을

빙자한 촬영은 보통의 여행과는 다를 수밖에 없었지만 나는 카메라도 망각한 채 금방 여행 분위기에 젖어들었다.

카메라감독은 틈이 날 때마다 내게 연애상담을 해주었다. PD는 제주도 맛집을 검색하며 저녁 회식 장소를 찾았다. 나는 그동안의 여행담을 근사하게 각색해서 두 사람에게 들려주었고, 두 사람은 언젠가는 방송출장이 아닌 진짜 여행을 떠날 것이라고 주먹 불끈 쥐며 말했다.

우리에겐 일이었지만 어쨌든 '여행'을 찍는 일이니 2박 3일 동안 우리는 배낭여행에서 만난 친구들처럼 금방 친해졌다.

촬영을 다녀온 뒤 꽤 오랜 시간이 지나고, 다시 한 번 제주도에 갈 일이 생겼다. 이번엔 홀연히 떠나는 진짜 여행으로 말이다. 나는 그때 먹었던 고기국수가 생각나 식당 위치와 전화번호를 물어보려고 휴대폰 연락처를 뒤적였다. 그런데 함께 갔던 PD의 이름이 떠오르지 않았다. 오빠처럼 연애상담을 해주던 카메라감독의 이름도 생각나지 않았다.

다른 일에 몰두하고 다른 사람들을 만나며 살아가는 동안 내 첫 제주도여행의 츠억과 사람이 나도 모르는 사이 잊혀진 것이다.

나는 그때부터 사람일기를 쓰겠다는 결심을 했다.

'내가 만나는 사람들에 대해 기록하자.'

우리는 사람과의 인연과 관계에 대해 참 무심하고 소극적이다.

너무도 쉽게 잊고 또 잊힌다. 물론 전쟁 같은 하루를 살아내면서 모든 인연을 기록하고 안부를 묻는다는 건 귀찮고 버거운 일처럼 여겨진다.

하지만 몇 년이 지난 뒤 기쁘고 좋았던 어느 순간을 떠올릴 때 함께 했던 사람들의 이름조차 생각나지 않는다면, 우리의 기억력을 탓할 것인가 우리의 무심함을 탓할 것인가.

지우고 싶어도 지긋지긋 기억의 수면 위로 떠오르는 결혼한 옛 애인을 기억하자는 게 아니다. 인생의 순간, 찰나를 함께했던 사람들을 기록한다면 앞으로 인연을 써나가게 될 사람들에게 더욱 진술하고 진정성 있게 다가갈 수 있지 않을까. 훗날 먹고사는 일에 치여 가족조차 돌아볼 겨를이 없을 때 '사람일기장'을 꺼내본다면 선물 같은 위로가 되지 않을까.

박노해 시인의 말처럼 사람만이 희망이니까.

#37 나의 사랑을 막지 마라

#37 나의 사랑을 막지 마라

인도를 홀로 100일간 여행하며 쓴 일기를 모아서 책 한 권으로 엮었다.
〈떠나라 외로움도 그리움도 어쩔 수 없다면〉이라는 그럴싸한 제목으로
탄생한 이 책은 스물아홉에 떠나 서른을 맞은 인도와, 여자에겐 가혹한 서른
이라는 나이에 대해 풀어낸 여행에세이다.
출판계약을 하고 출간날짜를 앞두고 있을 때 편집자가 내게 말했다.
"작가님, 혹시 책 나올 때 결혼하시는 거 아니죠?"
혹독한 서른을 맞거나 서른을 지나온 여자들에게 내가 결혼을 해버리는 건
일종의 배신이라는 얘기였다.
독자와 함께 외롭고 서럽고 답답해야 할 의무가 저자인 내게도 있었다.
의도한 바는 아니었지만 나는 출간과 동시에 독자들의 기대를 저버릴 행위는
하지 않았다.

소설을 써보려던 내게 소설가 대선배가 밥을 사주며 진심 어린 충고를 했다.
"소설가는 이기적이어야 해. 자아가 강해야 뚝심 있게 글을 쓸 수 있어.
소설 쓰다가 연애한다고 결혼한다는 소리 하지 마라."
여자인 내게 세상은 외로움과 강인함을 요구하고 있었다. 애인 없이 사랑
없이 글 쓰는 여자작가는 으레 그래도 되고 그게 더 어울린다고 여겨지고
있는 것이다.
나는 머지않아 보란 듯이 사랑을 했다.
사랑을 하면서 늘 외롭게 글을 써와서 글은 외로워야 나온다는 착각에 빠져있
었다는 걸 깨달았다.

진짜 제대로 된 사랑이 무엇인지, 삶이 어떻게 달라지는지 왜 수 세기 동안
문학의 가장 큰 주제가 사랑인지 내게 보여줄 것이라고 그가 내게 말했다.

이제 사랑을 받고 사랑을 하는 한 여자가 얼마나 풍요로운 인간이 될 수 있는
지 사람들에게 보여줄 차례다.

#38 시인에게도 사랑이 가장 어렵다

대학시절 일찌감치 문학에 등단한 선배가 내게 이런 충고를 한 적이 있다.
"여행을 많이 다녀봐. 단, 꼭 혼자서 다녀야 해.
방바닥 긁고 장판까지 뒤집어볼 만큼 외로워 봐.
지긋지긋하게 외로워 보라고. 남자한테 배신도 당해봐. 세상에 반이 남자야.
배신당해도 세상이 끝나지 않다는 걸 느껴봐."
선배는 캠퍼스 벤치에서 타들어가는 디스 담배를 끝까지 태우며 말했다.
문예창작학과 대학원에서 계속 글을 배우고 있던 선배는 스물여섯 살이었고
나는 스물한 살이었다.
'스물여섯이 되면 저렇게 남자와 외로움에 초연한 여자가 될 수 있나 보구나.'
나는 속으로 생각했다. 닮고 싶진 않았지만 혼자 떠나는 여행도, 외로움도
배신감도 빨리 느껴봐서 감성 풍부한 글을 쓰고 싶었다.
담배 연기에 고개를 살짝 돌리고 있는 내게 선배가 커피가 반쯤 남은 종이컵
에 꽁초를 넣으며 말을 이었다.
"그런데 여행, 외로움보다 중요한 게 뭔지 아니?"
스물한 살 나는 눈을 초롱초롱 뜨고 선배를 바라봤다.
"사랑이야. 많이 해봐. 단, 아주 깊고 절실하게 너 하나 내던질 수 있을 만큼
사랑을 해봐. 그게 제일 중요해. 결핍? 외로워야 문학을 안다? 다 구라야."
한숨을 내쉬던 선배의 눈빛엔 사랑에 대한 갈증이 가득했다.

혼자 여행 떠나기, 방바닥 긁기, 나쁜 남자 만나기….
다 쉬운데 사랑은 참 어렵다고 했다.

평생 문학에 몸을 던질 것 같던 선배는 2년 뒤 한 남자에게 자신을 내던지고
결혼을 했다. 선배의 시집은 시집을 가서도 여전히 마니아 독자를 거느린 채
감칠맛 나게 출간되고 있다.

#39 매혹적으로 사는 법

"작가는 자신을 매혹시키는 것을 묘사하는 자다."
헤르만 헤세의 말이다.
도스토옙스키의 〈죄와 벌〉에는 라스콜니코프가 살인을 저지르기 직전에
갈등하는 장면이 나오는데, 죽이느냐 마느냐는 고민이 무려 30페이지에 달한다.
무라카미 하루키는 여행산문집 〈먼 북소리〉에서, 극장 매표소에서 티켓을
끊고 좌석에 앉는 짧은 순간을 3페이지에 걸쳐 묘사했다. 티켓 점원의 표정,
극장 앞에 내걸린 포스터, 상영관 좌석시트의 냄새까지 하루키의 묘사를 통해
우리는 그리스의 작은 마을, 어느 극장으로 순간이동을 하는 짜릿함을 경험한다.
소설 속 인물의 내적 갈등을 서른 페이지 넘게 풀어내고, 시간상으로는 3분도
안 되는 순간을 8000자로 설명할 수 있는 작가들의 작품을 읽을 때마다
그들의 공력과 필력에 감탄을 금할 길이 없다.
무릎을 탁 치게 하는 구절들을 읽을 때마다 나는 인상적인 문장이나 단어들을
노트에 적는다. 내 글에 활용하기 위해서가 아니라 내 삶에 활용하기 위해서다.
노트에 적어놓았던 문호들의 레이더를 시시때때로 켜놓는 것이다.
행동, 배경, 심리상태가 세밀하게 묘사된 한 권의 문학작품처럼, 평범한 나의
일상을 묘사하듯 관찰하면 지루하고 평범한 일상이 반짝반짝 빛나기 시작한다.
인생을 매혹적으로 사는 방법은 참으로 무궁무진하다.

#40 청신호

하반기 채용시장 청신호
녹색성장 청신호
출산율 증가 청신호

우리들 사는 일이
이렇듯 모두 청신호였으면

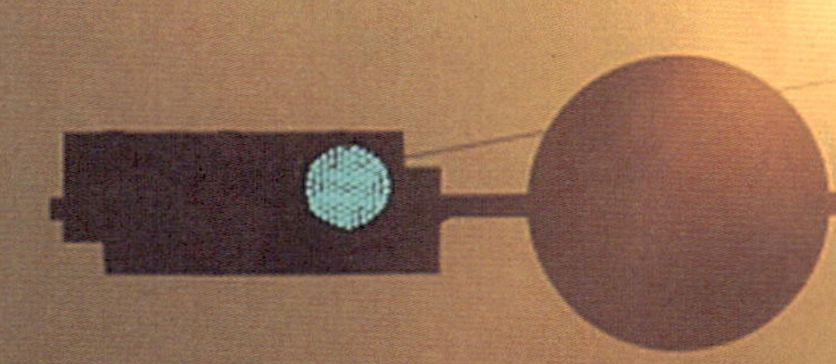

붉은 동백처럼 기다리다 목련처럼 적극적으로 피어서
개나리처럼 까르르 웃다가 진달래처럼 수줍게 바라보고
벚꽃처럼 흐드러지게 고백하고 철쭉처럼 진하게 머물다가

라일락처럼 아찔하지만 아카시아처럼 은은하게
그렇게 봄의 꽃처럼 당신에게 가고 싶다.

#42 불타는 금요일

출퇴근도 없고 공휴일도 없는 나는 프리랜서이지만
불타는 금요일은 왜 그리도 느껴보고 싶은지.
금요일 오후가 되면 친구들에게, 옛 직장동료들에게 슬금슬금 문자를 넣는다.
"오늘 뭐해?"
일요일부터 목요일까지 금요일 저녁만 기다렸을 그들과 함께 술잔 부딪히며
직장생활의 노고도 격려해주고 애환도 들어본다.
고층빌딩 즐비한 도시의 저녁엔 스트레스 벗어던진 건강한 일꾼들의 에너지
가 넘쳐난다. 나도 한때는 아침마다 일어나는 게 지옥 같았다고, 직장상사의
답답한 유머에 박장대소해봤다고 그래도 월급 받을 때가 가장 좋았다고 푸념
해보지만
집에서 낮잠 자다 퇴근 시간 맞춰 나온 내가,
그들의 화딱지 나는 마음을 전부 이해할 리 없다.

"꼬박꼬박 월급 받으면 뭐하니, 삶의 질이 떨어지는데…."
삶의 질 운운하니 1차는 내가 쏘고,
"안정된 직장이면 뭐하니, 요즘은 마흔만 넘어도 토사구팽당하는데…."
토사구팽까지 나오니 2차도 내가 쏘고,
그렇게 위로해주고 내 지갑 가벼워져 돌아오면 이번 달 재정상태가 걱정돼
부아가 치민다.
"이것들은 나만 만나면 돈을 안 쓰네…."
그래도 매주 불타는 금요일이 돌아오면, 엉덩이가 들썩들썩거린다.
"친구야. 오늘 금요일인데 신나게 마셔야지. 닭발에 소주 콜?"
그런데 휴대폰 저쪽에서 들려오는 힘없는 목소리.
"오늘은 목요일이야."
그래그래, 내일도 내가 쏴야겠다.

#43 비행

푸드덕, 날개에 전선이 걸렸다.
어제는 구름인 줄 알고 돌진하다 창문에 머리를 박고 정신을 잃었다.
추위 피해 이동하다 콘크리트 숲을 만나면 길을 잃는다.
친구와 어미를 잃는다.
우리들의 하늘이 점점 좁아진다.
땅을 가진 인간들은 이제 하늘까지 침범하려 든다.
나의 비행은 더 이상 여행이 아니다.

#44 어서 내려오이소

사진 찍고 내려오이소.
어서 내려오이소. 파도 앞에 돗자리도 깔아놨소.
오늘 안 먹으면 후회할 물 좋은 해삼, 멍게 여기 다 있소.
어서 내려오이소. 이러다 오늘 하루 다 가오.

길성호
(쌍둥이네)

#45 말짱 도루묵

왕도 배고픈 임진왜란,
왕은 전쟁 통에 우연히 '목어'라는 생선을 맛보고 그 반해 '은어'라고 부르라
명했지. 전쟁이 끝나고 궁궐로 돌아온 왕은 친히 이름까지 하사한 맛좋은
은어를 찾았다지.
산해진미 수라상을 되찾은 왕에게 그 맛이 그 맛일 리가 없지.
왕은 버럭 화내며 말했지.
"도로 목어라 해라"
왕에게 버림받은 물고기는 말짱 도루묵이란 놀림까지 받게 됐지.

11월, 강원도 거진항은 도루묵 풍년.
자연산 팻말 내걸고 넘치도록 한 소쿠리에 지폐 한 장만 받는다 해도
어시장 찾은 손님들은 명태만 찾지.
귀하신 명태 대신 도루묵이 잡힌 지 벌써 몇 년째.
그래도 어민들에겐 "도루묵이라도 어디여", 즐거운 풍년.

#46 낙안읍성에 가면

흙으로 방을 만들고 돌로 담을 쌓는다. 말린 억새, 볏짚으로 얹은 지붕 위에
흥부네 집처럼 대롱대롱 박이 열리면 더욱 좋겠다.
비가 오면 도랑을 만들고, 황톳길 따라 논으로 밭으로 일하러 간다.

누구네 집 소가 몇 마리고, 땅이 몇 마지기인지는 중요하지 않다.
욕심 없이 사는 만큼 행복해 질 수 있는 초가마을.
순천 낙안읍성에 가면 어릴 때 읽던 전래동화가 펼쳐진다.

#47 삼굿구이를 아시나요

흙구덩이에 불을 피워 돌을 달구고, 쑥대와 솔가지를 돌 위에 덮는다.

감자, 옥수수, 달걀, 생마늘을 푸짐하게 넣고 흙을 얹는다.

흙무덤에 구멍을 파고 물을 부으면 땅속에서 수증기가 화산처럼 뿜어진다.

증기가 빠지기 전에 재빨리 흙으로 구멍을 메워야 한다.

그래야 흙 속에서 푹푹 찐다. 맛있게 익는다.

삽질할 땅도 없고 돌을 달굴 장작도 없는 도시 사람들에게는

낯설고 신기한 광경이 아닐 수 없다.

이것은 이름 하여 삼굿구이,

세상에서 감자와 옥수수를 가장 맛있게 먹는 방법이다.

옥수수, 감자 한 알로 끼니를 때우던 보릿고개 시절에야 배곯지 않는 일이

최우선이었지만, 이제는 별미이자 간식거리가 된 옥수수와 감자로 도시와

농촌이 소통 중이다.

도시 사람이라면 오로지 농촌체험여행에서만 만날 수 있는 삼굿구이.

이거 안 먹어봤으면 어디 가서 감자, 옥수수 맛 좀 봤다고 얘기하지 마시라.

#48 좋은 나라

초등학교 4학년 소녀가 유서 한 장 남기고 아파트 옥상에서 뛰어내렸다.
아침 뉴스 기사엔 아이의 교우관계가 원만했고
중상위권 성적을 유지했다는 내용이 담겼다.
열한 살 아이에게도 성적이라는 게 있다니,
잘 놀고 건강하고 예쁘게 자라야 할 소녀에 대해
세상은 등수를 가장 먼저 공개했다.
아이는 좋은 나라로 간다는 유서를 남겼다.
태어나 단 열 번의 봄을 보냈을 소녀는
여자가 되기도 전에 세상을 놓아버렸다.
어린이날을 손꼽아 기다리고,
놀이공원 바이킹 끝에서 환호해야 할 아이는
아파트 옥상 끝에 올라가 버렸다.
아이는 좋은 나라로 간다고 했다.

아이는 좋은 나라로 간다고 했다.

#49 어시장

새벽 경매에 팔딱거리던 도다리 한 마리 어시장에 나왔다.
고향 잃은 아가미는 아직도 바다를 놓지 못했는데
파도를 닮은 비늘은 아주머니 능숙한 칼질에 슥슥 벗겨지고
낡은 복대에 담기는 쌈짓돈으로 아들은 대학교를 졸업할 것이다.
어젯밤 검푸른 바다를 휘젓고 다녔을 물고기는 잘 익은 생선이 되어
가족의 저녁 식탁에 오르니,
바다에도 어시장에도 식탁에도 깊고 푸른 꿈들이 넘실거린다.

#50 아가씨와 비구니

충남 예산 가야산 기슭에 있는 보덕사에는 비구니 승려들의 동안거가 끝나가
고 있었다.
3개월 동안 겨울 산사에서 깨달음을 구하기 위한 수행인 동안거(冬安居)는 음
력 시월 보름부터 이듬해 정월 보름까지 이어진다. 스님들은 산속에서 오직
명상과 수행에만 전념한다.
나는 동안거가 해제된 다음날 보덕사로 갔다. 3년 전 네팔 히말라야 트레킹
중에 만났던 동명스님을 만나기 위해서였다. 고생할 때 만나면 깊은 친구가
되는 것처럼 여행이 아닌 고행 중에 만난 스님과 나는 한국에 돌아온 뒤로도
연락을 이어갔다. 나는 산사 공기 마시고 절밥도 먹을 겸 동안거가 끝나는 날
에 맞춰 보덕사로 향했다.
때마침 공양시간에 도착한 나는 짐도 제대로 풀기 전 밥상 앞에 앉는 행운을
누렸다. 산사에는 아직 스무 명 정도의 비구니 승려들이 남아있었다. 대학교
에도 남녀기숙사가 따로 있는 것처럼 승려들의 수행도 비구, 비구니를 나누는
모양이었다. 보덕사의 큰스님도 비구니였다.
공양을 마치고 차를 마시러 동명스님 방에 비구니 대여섯 명이 모였다. 그 틈
에 나도 끼었다.

"아가씨 냄새가 나네."

한 스님이 삭발한 머리를 긁적이며 내게 몸을 가까이 숙이고는 말했다.
그녀는 나보다 두세 살 위로 보였다. 그러고 보니 우리는 모두 여자인데 나만
제외한 그녀들은 모두 삭발한 머리였다. 동명스님이 찻주전자에 녹차를 우려

내자 향긋한 녹차향이 퍼지고 영 낯설고 어색했던 분위기가 금방 풀렸다.
내게 아가씨 냄새가 난다고 했던 언니뻘의 비구니가 자신을 선연이라 소개했
다. 내가 선물로 몇 권 가져온 서울여행책을 한 장 한 장 넘기며 서울에 이렇
게 좋은 곳들이 많으냐고 물었다. 7살에 동자승이 된 선연스님은 인생사를 드
라마로 배웠다고 했다. 가족들과 도란도란 앉아 밥을 먹고 학교 가고, 공부하
고 취업을 하고 직장생활을 하는 일을 한 번도 겪어본 적 없기에, 드라마는 그
녀에게 세상을 보여주는 유일한 창구였다.
〈미안하다 사랑한다〉를 봤을 때는 가슴이 너무 떨려 잠도 못 이뤘다고 했다.
현실 속 사랑은 드라마처럼 구구절절하지 않다고 말해주고 싶었지만 선연스
님에게서 소지섭을 빼앗고 싶지 않았다.
비구니들은 각자의 사연을 갖고 속세를 떠났다. 속세에서의 이름도 직업도 인
연도 승려가 된 그녀들에게는 부질없는 것이었다. 모두 다 비워내야 새로운
것을 받아들일 수 있다고 동명스님이 말씀하셨다. 나는 어떤 미련과 집착 때
문에 놓아야 할 것들을 아직도 붙잡고 있는 것일까.

"스님, 저는 몽골에도 가고 인도 갠지스 강에도 가봤지만 도대체 마음이 편해
지지가 않네요. 아직도 욕심이 많고 화도 잘 내고…."

동명스님이 말했다.

"미련도 많고 집착도 있어야 아가씨 아니겠니."

#51 편지

아주 사소한 일로(그 이유가 지금은 생각나지 않을 정도로) 친구와 다투고도 화가 안 풀려 친구에게 전화를 걸었다.

친구의 입장도 들어보고 여태까지 쌓아두었던 일들도 이참에 따질 참이었다. 너무 화가 나 다짜고짜 소리 지르며 앙금을 풀어내는 내게 친구는 지지 않았다. 내 말을 잘라먹더니 자신은 절대 잘못한 게 없으며 너나 잘하라는 식으로 역공을 펼치는 것이다.

아나운서인 친구는 3분 스피치하듯 3초의 망설임도 없이 조리 있게 쏘아붙였다. 그럴 때마다 나는 감정적인 말들만 튀어나오고 내 말엔 하나도 설득력이 없었다.

이대로 가다간 내가 밀리겠다 싶어서 나는 휴대폰에 대고 말했다.

"야! 배터리 없어! 메신저 들어와."

말보단 타자에 더 자신이 있는 나였다. 말발에 밀리던 나는 글발을 발휘해 손가락을 휘날렸다. 단련된 나의 열 손가락이 자판을 쉬지 않고 두드렸다. 확실히 전세가 역전되고 있었다.

그때 휴대폰이 울렸다. 말로 해야지 안 되겠다며 친구가 다시 전화를 건 것이다. 우리는 결국 감정의 골만 깊어졌다. 친구에겐 말이 유리했고 나에겐 입보다 빠른 메신저가 유리했다. 빨라야 이기는 세상이 왔다. 와이파이가 터지는 게 어디야 하던 때가 불과 일이 년 전인데 이젠 4G에 LTE에 난리가 났다. 그렇게 빨라서 무엇하랴. 그렇게 급해서 무엇하랴.

문득 색색깔 펜을 필통에 가득 채우고 편지지에 또박또박 이야기를 채워 넣었던 여고시절이 생각났다. 싸웠던 친구에게 화해의 편지를 쓰기도 했고, 남몰래 좋아했던 국어선생님에게 마음 담은 수줍은 편지를 써내려가기도 했다. 그땐 꾹꾹 눌러 담던 속도처럼 천천히 글씨로 이야기했다. 마음 깊은 곳에 묶여있던 감정들이 나비처럼 날아다녔다.

그때 우리가 서로에게 가장 빠른 방법으로 화를 내는 대신 서로에게 편지를 썼다면 어땠을까? 서로 이기려 들지도, 감정 섞인 말로 쏘아붙이지도 않았을 것이다.

누군가에게 화가 나 울컥할 일이 생긴다면, 잠시 심호흡 한 번으로 마음을 진정시키고 편지를 쓰자. 어쩌면 Dear를 쓰고 점을 꾹 하고 찍는 동안 마음은 벌써 녹아버릴지 모른다.

#52 우리들의 화분

교실은 언제나 꽃밭이었다. 창가에는 화분이 일렬종대로 어깨를 맞추고
있었고 교탁 위, 사물함 위에도 꽃이 가득했다. 청소함 옆에도 우리들 키만 한
나무가 주먹만 한 보라색 꽃을 피웠다. 옆 반 선생님은 점심시간이면 우리반
으로 꽃구경하러 오셨다. 교장, 교감선생님도 소문을 듣고 종례시간 전에
우리반으로 오셨다.
"안녕하세요. 교장선생님, 안녕하세요 교감선생님!"
우리는 선생님이 미리 시켜놓은 대로 우렁차게 인사를 했다.
담임선생님은 우리들을 바라보던 눈빛으로 화분들을 하나하나 소개하며
흐뭇하게 미소 지으셨다. 선생님의 미소에 우리들의 어깨도 으쓱해졌다.
5학년 5반, 우리반은 전교에서 소문난 가장 튀는 반이었다. 새학년 새학기가
시작된 날, 선생님은 각자 꽃이 피는 화분 하나씩 사 와서 화분에 이름을 쓰고
교실 창가에 놔두라고 하셨다. 일주일동안 아이들은 엄마가 대신 사왔을
게 뻔한 화분을 가져왔다.
부반장 두원이의 엄마는 반 아이들에게 모두 가져오라고 한 걸 모르셨던지
고깃집 개업식에나 어울리는 커다란 화분을 사람까지 시켜 가지고 오셨다.
교실엔 화분 57개가 놓였다. 선생님은 각자 자신의 이름이 쓰인 화분을 정성
스럽게 물을 주고 가꾸라고 하셨다.
"6학년이 됐을 때 너희들한테 화분을 돌려줄 거야 아마 겨울엔 잎도 꽃도
다 시들어 떨어지겠지? 그래도 정성스럽게 가꿔서 내년 봄에 다시 꽃이 피면
선생님에게 가지고 와. 그럼 선생님이 아주 큰 선물을 줄 거야."
선물이라는 말에 아이들이 웅성거렸다.
가장 큰 화분을 가지고 온 두원이만 입을 댓발 내밀었다.
4월이 되자 거의 모든 화분에서 꽃이 활짝 피었고 교실은 왁스냄새보다
꽃향기가 더 진하게 차올랐다.
우리들은 그때 꽃을 사랑하는 법을 배웠다. 거름을 가져와 친구들의 화분에도
나눠주고 꽃이 시들시들해지면 노란 영양제를 사와 꼽는 아이도 있었다.

소나기가 내리고 운동장만 한 햇빛이 창가로 넘어오면 우리들은 일제히 꽃이
햇빛에 얼굴을 비비는 모습을 바라보았다.
화나면 호랑이같이 화를 내셔서 옆반 아이들은 우리 선생님을 노처녀
마귀할멈이라고 불렀지만, 오월이 오면 학교 담장에 핀 들장미 옆에서 한 명
한 명 우리들의 사진을 찍어주시던 선생님은 우리에겐 〈천사들의 합창〉의
히메나 선생님이었다.
화가이기도 했던 선생님은 꽃이 활짝 핀 5월의 미술시간. 각자 자신의 화분을
그리게 했다.
두원이의 탄식소리가 뒷자리에서 들려왔고 아이들은 꺄르르 웃었다.
어제 제일 예쁜 꽃송이가 떨어졌다고 나랑 친한 지혜가 울먹거렸고, 집에
가서 마저 그린다고 낑낑대며 방과 후에 화분을 들고 가는 친구도 있었다.
꽃을 보고 그림을 그리는 우리들의 책상에는 들장미처럼 환하게 웃고 있는
우리들의 사진이 붙어있었다.
나는 그때 그림으로 세상을 여행하는 방법을 깨우쳤다.
담임선생님은 미술시간을 특히 좋아했던 아이들 몇몇을 미술대회에 데리고
다니셨는데, 그 속에 나도 끼어있었다. 우리는 선생님 손잡고 덕수궁에 가
나무와 돌담과 벤치를 그렸다.
우주도 바닷속도 미래도 그림으로는 뭐든 게 가능했다.
장학사가 오는 날이면 우리들은 다른 반처럼 일부러 힘들게 교실을 치장할
필요가 없었다. 언제나 정성으로 피어난 향기가 진동했고, 물감으로 그려낸
알록달록한 꿈들이 교실 벽을 채우고 있었으니까.
가을이 되자 우리들의 화분에도 잎이 지고 교실에는 낙엽이 내렸다.
겨울방학이 오자 앙상하게 가지만 남은 화분을 우리들은 품에 꼭 껴안고
집으로 갔다.
6학년이 되었다. 5학년 5반이던 아이들은 뿔뿔이 열두 반으로 흩어졌고
선생님은 1학년으로 가셨다. 내년엔 1학년 꼬맹이들을 가르쳐보고 싶다고

늘 말씀하시곤 했다.

우리들은 6학년에 적응하느라 정신이 없었고, 곧 있으면 중학생이 된다는 사실이 겁이 났다. 안 다니던 학원에도 다니고 독서실도 다니기 시작했다.

꽃샘추위가 지나가고 얼었던 운동장에 보드라운 햇살이 앉는 4월이 찾아왔다. 나는 겨우내 죽었을까 봐 조마조마하던 내 화분에 분갈이도 해주고 거름도 주며 열심히 보살폈다. 새잎이 돋아나고 꽃망울이 맺혔다

"와아."

다음 날 아침 나는 화분을 안은 채, 교실에 책가방도 내려놓지 않고 선생님이 계실 1학년 교실로 달려갔다.

"선생님!!"

선생님의 1학년 교실엔 작년 우리들의 교실처럼 알록달록 그림들이 붙어져 있었다.

나는 환한 얼굴로 꽃이 핀 화분을 선생님에게 내밀었다.

"선생님, 꽃이 정말 피었어요. 겨울에 추워서 죽은 줄 알았는데 잎이 나더니 꽃도 피었어요." 선생님은 내 등을 투닥투닥 두드려주시며 미소를 지으셨다.

"그래, 저기 창가에 올려놔라. 우리반 꼬맹이들한테 6학년 언니 오빠들이 얼마나 장한지 보여주고 있어."

창가엔 이미 화분 여러 개가 놓여 있었다. 내가 거름을 나눠주던 짝꿍의 화분도 있었고 꽃이 일찍 떨어져 울먹이던 지혜의 화분도 다시 꽃을 피웠다.

청소함 옆에는 우리반에서 가장 컸던 두원이의 화분도 놓여 있었다.

시든 화분에 다시 꽃이 피었을 때의 기쁨.

1학년 후배들에게 화분을 선물하며 우리보다 일찍 꽃의 향기를 알게 해주는 행복. 그래서 1학년 후배들을 동생으로 삼게 되는 일.

그것이 선생님의 선물이었다.

#53 쌍둥이 할아버지

쓰러진 소도 벌떡 일으킨다는 낙지의 고장, 전남 무안에는 갯벌에서 생을
일군 낙지잡이 쌍둥이 할아버지가 있다.
쌍둥이임을 평생 잊지 말라고, 아버지가 지어주신 이름도 홍쌍섭, 쌍수.
여러 번 방송에도 나온 무안 송계마을 쌍둥이 할아버지는 마을에선 남진
나훈아도 부럽지 않은 TV 스타이다.
젊은시절 돈 벌겠다고 서울 갔다 밑천도 못 건지고 돌아온 형에게 아우는
낙지 잡는 법을 가르쳤다. 펄에서 낙지 잡는 것만큼은 내가 스승이고 형이라
고 큰소리 탕탕 쳐도, 아우는 펄 가는 길에 형님을 위해 오토바이를 양보하고
자전거에 오른다.
키도 얼굴도 말투도 어찌 그리 쏙 닮았는지 물으니
"한날한시 같은 공장에서 태어났으니 똑같재."
새로 만난 사람마다 똑같은 질문이 지겨울 법도 하건만 두 할아버지 허허
웃으며 어깨동무 해 보인다.
바다가 내어준 갯벌에서 금 캐듯 낙지 잡아 집도 짓고 땅도 사고 자식도
키웠다.
13년 전 막내딸과 아내를 저세상에 보내고 의지할 곳이라곤 형님 내외뿐이라
는 동생 쌍섭 할아버지.
일흔여섯 지나니 동생의 주름이 보이기 시작한다는 형 쌍수 할아버지는 이제
동생 손잡고 한날한시 행복하게 황혼길 가는 일만 남았다고 하신다.
갯벌 따라나온 나에게 깊은 펄까지 들어간 형님 할아버지가 이리로 오라
손짓하신다. 장화며 양말이며 갯벌에 빼앗기고 되찾고를 반복하며 힘겹게
곁으로 가니, 할아버지는 가장 작은 낙지를 바닷물에 흔들어 손으로 쭉쭉
물기 짜내 검지손가락에 낙지다리 돌돌 말아 내 입에 쑤셔 넣어주신다.
"천천히 꼭꼭 씹어 먹어. 이게 보약이야. 딴 게 없어."
난생처음 산낙지를 통째로 입에 넣게 된 나는 두말없이 눈 꼭 감고 낙지를
오득오득 씹었다. 덜 씻긴 흙이 씹혔지만 입안에선 바다향이 났다. 바닷물에

씻어서 간도 잘 뺐다.
낙지 힘으로 이제껏 팔팔하게 버텨왔다는 두 할아버지는 앞서거니 뒤서거니
뭍으로 걷는다.
"벌써 다 잡으셨어요?"

이제서 낙지 구멍 찾는 일에 재미가 붙었는데 더 안 잡으시느냐 묻는 내게
동생 할아버지는 이만하면 됐다고 오늘은 내다 팔 것도 아니라 하신다.
갯벌엔 낙지가 눈에 띄게 줄었고, 바다가 준 시간만큼 일할 힘도 줄었다.

"서울처녀, 무안낙지 맛 한번 봐야재?"
직접 잡은 힘 좋은 낙지로 연포탕을 끓여준다 하신다.

#54 좋은 사진 찍는 법

1. 피사체를 정중앙에 두지 않고 여백의 미를 활용한다.
2. 접사나 인물사진을 찍을 땐 조리개를 개방해 아웃포커싱 효과를 낸다.
3. 움직이는 물체를 담을 땐 빠른 셔터스피드로 속도감을 살린다.

사진을 잘 찍고 싶어서 인터넷에서 이것저것 검색을 해보다가
놀라운 기사 하나를 발견했다.
눈이 아니라 마음으로 사진을 찍는 사람들에 대한 이야기였다.
시각장애인 사진동호회 사람들은 계절이 빚어낸 세상의 색깔과 아름다운
풍경을 볼 수 없다.
조리개를 알맞게 조절할 수 없고, 빛을 담아낼 수도 없을 것이다. 피사체를
원하는 대로 카메라에 담는다는 건 불가능해 보인다.
사진을 찍고 전시회를 여는 시각장애인들의 다큐멘터리를 방송에서
보았을 때, 나는 충격을 받았다.
보이지도 않는데 어떻게 사진을 찍는다는 거지?
그런데 놀랍게도 그들이 담아낸 세상은 사각의 프레임 안에 아름답게
들어가 있었다.
그들은 손으로 꽃을 만져보고 셔터를 누른다. 사람을 찍을 땐 어깨의 위치를
확인하고 자신과의 키 차이를 가늠한 뒤 뒤로 몇 발짝 물러나 셔터를 누른다.
바람소리에 흔들리는 억새밭을 찍고, 아이들의 웃음소리를 찍는다.
좋은 사진을 찍는 법은 기술이 아닌 마음에 있었다.
세상에 불가능은 없는 것이다.

좋은 사진을 찍는 법은 기술이 아닌 마음에 있었다.
세상에 불가능은 없는 것이다.

우리를 힘들게 하는 일이 때로는 즐거운 짜증이 되기도 한다.
서른네 살 직장생활 7년차. 그는 올해 과장으로 승진했고 아리따운 애인도
생겼다. 여기저기서 스카웃 제의도 끊이지 않고 하루만 일을 건성으로 해도
부장님은 무슨 일 있냐며 점심으로 삼계탕을 사주신다.
"자네가 일을 열심히 해줘야 우리 부서가 잘되지 않겠나."
그에겐 부족함이 없어 보인다. 일도 사랑도 모두 승승장구이니 말이다.
목요일 오후, 고등학교 동창 녀석에게서 전화가 온다. 4년 사귄 애인한테
차이고, 회사 때려치우고 사업이나 할까 생각 중인데 의욕도 없다고 한다.
"세상이 왜 이렇게 그지 같냐."
동창 녀석은 회사 근처로 갈 테니 소주나 한잔하자고 한다.
충분히 잘나가는 그에겐 지금 세상이 적으로 보이는 친구와 함께 한탄할
소재가 없을 것 같다. 그러나 둘은 새벽까지 술을 마시며 어깨동무를 하며
우린 아직 죽지 않았다며 달도 자러 들어간 새벽하늘을 보며 소리를 지른다.
올해 과장으로 승진하고 예쁜 애인까지 있는 그에게도 술 취한 정신으로
세상을 향해 소리칠 스트레스가 있었다. 아버지가 편찮으셔서 병원비가 많이
들 것 같은데, 작년에 '고급정보'라며 주위들어 적금을 깨고 부은 주식이 반토
막이 난 것이다.
"너는 모아둔 돈도 있고 부모님 다 건강하시잖냐."
"인마 너는 반듯한 직장 있으니 돈이야 다시 벌면 되잖냐."
둘은 밤새 소주잔을 부딪치며 서로를 위로했다.

#55 즐거운 짜증

우리가 친구에게 위로를 받으려는 건 나만 힘들지 않다는 걸 확인하고
싶은 것인지도 모르겠다. 남편이 돈만 잘 벌었으면 소원이 없겠다는 여자는,
나는 바람만 안 피우면 업고 다니겠다는 친구의 말에 위로를 받는다.
나이는 자꾸 먹어가는데 소개팅은 자꾸 실패하고 그냥 독신선언이나
하겠다는 친구에게
애인 있는 친구는 요즘 내 남자친구가 예전 같지 않다며 그가 내게
이별선언을 곧 할 것 같다며 울먹인다.
그러면 죽어라 소개팅에 실패하는 친구는 이별이라는 종말이 닥친 친구를
위로하면서 자신도 위안을 얻는다. 그래. 인간이 못됐다고 말할 수도 있겠다.
그러나 누구나 힘든 일 하나쯤 가지고 있다는 것이야말로 세상 사는 데 가장
큰 위로가 되는 법이다.
'나만 그렇지 않구나. 남들도 힘들구나. 다들 하나씩 엄청난 스트레스가
있구나' 하면서 말이다.
완벽하게 행복하고 평화로운 사람은 영화와 소설 속에나 존재한다. 주인공은
언제나 역경이 있고 고민이 있다.
"어떤 사람의 삶에서 모든 고통이 제거된다면 그에게는 행복도 전달되지 않
는다."
아마존 베스트셀러 1위에 올랐던 〈행복은 혼자 오지 않는다〉의 한 구절이다.
짜증 나는 일이 있다는 것. 나를 괴롭히는 일이 있다는 건 오히려 즐거운 일이다.

짜증 나는 일이 있다는 것.
나를 괴롭히는 일이 있다는 건
오히려 즐거운 일이다.

4년 전, 몽골에 간다는 선배를 따라 초원으로 향했다. 나는 친구 태은이에게
함께 특별한 여행을 해보자고 제안했고, 인터넷 여행카페에 들어가 직장
때려치우고 자유로운 여행을 꿈꾼다는 한 남자를 더 섭외했다.
작가 선배와 작가를 꿈꿨던 스물일곱의 나, 친구 태은이와 백수가 된 남자,
이렇게 우리 넷은 비행기를 타고 몽골의 칭기스칸 공항에 도착했다.
울란바토르에서 지프를 타고 2시간을 달리자 말로만 듣던 몽골 대초원이
눈앞에 펼쳐졌다.
유목민들의 둥근 집인 게르와 초원을 활보하는 양과 염소 무리를 지나쳤고,
바퀴 아래 펼쳐진 끝없는 지구의 땅 위를 달렸다.

우리는 닷새쯤 초원을 달리다가 두 가족이 사는 유목민의 게르를 만났다. 그들은 게르 하나를 여행자들에게 내어주고 반가운 손님에게 양고기를 대접했다.

작가 선배는 노트에 유목민 가족의 관계도를 적어 넣었다. 재밌는 이야기가 나올 것이라고 했다. 회사를 그만두고 여행을 떠나온 백수 오빠는 이런 하얀 집에서 양 열 마리 키우면서 아무 걱정 없이 살고 싶다고 했다.

나와 태은이는 이 초원을 하루 종일 달리면 다이어트가 절로 되지 않겠느냐는 대화를 나눴다. 우리는 말이 끝나기 무섭게 달리기 시합을 했다. 그 시간 선배는 초원에 앉아 글을 쓰고 있었고, 백수오빠는 자신이 곧 살게 될지도 모를 하얀 게르를 멀리서 사진으로 찍고 있었다.

우리는 모두 처음 몽골을 여행했다. 함께 똑같은 초원을 목격했고, 같은 유목민을 만나 같은 게르에서 잠을 청했지만 모두 다른 꿈과 다른 감성을 밤마다 채워 넣었다.

여행이 누구에게나 똑같은 감동을 주지 않는다. 내 머릿속에 내 마음에 무엇이 들었느냐에 따라 담기는 것도 다른 것이다.

무라카미 하루키는 여행을 떠나면 낯선 클럽에 들어가 비틀즈 음악을 신청하고 생맥주를 들이킨다. 알랭 드 보통은 지루하고 단조로운 풍경들 속에서 에드워드 호퍼의 그림 같은 감성을 느낀다. 그들이 여행했던 똑같은 장소에 있더라도, 우리는 하루키 같은 여행, 알랭 드 보통 같은 여행을 흉내 낼 수 없는 것이다.

휴가를 다녀왔는데도 찝찝하고, 얼마 만에 떠난 해외여행인데 제대로 즐기고 있지 않은 건 왜일까?

여행이 만들어낸 영화나 광고 속 틀에 박힌 이미지와, 여행에세이에서 읽은 남달랐던 작가의 감성을 흉내 내고 싶어 했던 건 아닐지.

다 버리고 온다는 몽골에 가서 지긋지긋한 다이어트 고민을 또 하고 있으면 어떠랴.

더 좋은 직장 알아보겠다는 서른 살 당찬 꿈 접고, 몽골에서 양 키우며 살겠다는 희망이 생기면 또 어떠랴.

줏대 있는 여행을 하잔 말이다. 남들이 그러했던 여행이 아니라, 내가 주인공이 되어서 내가 즐겁고 내 감성이 촉촉하게 차오르는 여행을 하잔 말이다.

#57 여행은 늦지 않았다

GREAT PIZZA
LASAGNA, PASTA
STEAKS
GUARANTEE FRESH
DUTCH SNACK
THAI FOOD
AND B.B.Q
WAFFLE & ICE CREAM
TOM PIZZA

우리들의 마지막 여행은 스물넷에 떠난 홍천이었다. 스무 살 때부터 우리는 일 년에 한 번씩 여행을 떠났다. 대학을 졸업하고 직장을 다녀도, 누군가 결혼을 해도 일 년에 한 번은 꼭 여행을 가자고 굳게 약속했다. 바다를 봐야 할 의무가 있었던 대학교 땐 속초나 강릉, 안면도엘 갔다. 스물한 살, 우리들이 고속버스를 타고 처음 속초에 갔을 때.

애당초 바다가 목적이었지만, 설악산이 가까이 있으니 한번 올라보자 의기투합했다. 등산이 처음이었던 우리들은 어쩌다 보니 울산바위까지 올라갔다 왔다. 모두 다리가 풀리고 발목이 퉁퉁 부은 채 콘도에 돌아와 쓰러졌지만 밤이 되자 박카스도 필요 없는 젊음의 회복능력으로 속초 시내에 있는 관광나이트엘 갔다.

스물세 살이 되었을 때 나는 우리들 중 제일 먼저 면허를 따고 중고차를 샀다. 시내 밖은 달려본 적이 없었지만 친구들을 태우고 과감하게 서해안 고속도로를 밟았다. 대학생이라 아직 사회적 매너가 부족했던 친구들은 졸린 운전자를 아랑곳하지 않고, 돌아오는 길 뻥튀기 부스러기를 골고루 흘린 채 모두 차 안에서 곯아 떨어졌다. 게다가 자신들을 집 앞에 떨어뜨려 주는 걸 당연하다고 생각했다.

여행은 계속될 줄 알았지만 현실은 그렇지 못했다. 학교를 졸업하고 하나 둘 직업을 갖기 시작하면서부터 힘들어졌다. 그리고 하나 둘 결혼을 했고, 우리들은 제일 먼저 유부녀가 되는 친구의 결혼식에 모여 이런 말을 했다.

"영이 시집가기 전에, 우리가 다 싱글이었을 때 여행 갔어야 했어."

시집간 영이가 딸을 낳고 아이 돌잔치를 했을 때, 우리들 앞에서 눈물을 글썽이며 말했다.

"정민이 낳기 전에 너희랑 여행 좀 다닐걸."

대학을 졸업하고 직장을 다니니 자칭 7공주가 함께 모여 여행을 가는 게 불가능해 보였다. 누구 한 명 시집을 가니 그땐 정말 불가능해 보였다.

그러나 우린 떠날 수 있었다.

우리 중 누구는 매일 기사 마감 중이고, 누구는 육아휴직 중이고 누구는 한국에 자주 없고, 누구는 야근이 잦아 주말엔 녹초가 되고, 누구는 지방 고향에 내려가 있지만 세월이 또 저만치 흘러가고 지금을 떠올리면,

"그때 우린 함께 여행을 떠날 수 있었어"라고 또다시 아쉬운 한숨을 내쉴 것이다.

그러니 당신, 지금 여행을 떠나도 늦지 않다.

#58 행복은 끝없이 찾아온다

고3 야간자율학습 시간에 친구들과 몰래 강당으로 나와 줄넘기를 했다.

우린 고3이었고, 자꾸만 불어나는 몸무게에 제동을 걸 필요가 있었다. 줄넘기가 지루해지면 얼음땡이나 술래잡기를 했다. 미끄러운 마룻바닥에서 누구 한 명 꽈당하고 넘어지면 강당 천장이 무너지듯 배를 잡고 깔깔대고 웃었다. 그땐 스무 살 어른이 된다는 것이 꼭 세상이 끝나는 것처럼 느껴졌다. 점심시간, 쉬는시간, 수업종소리 그리고 친구들…. 이런 것들이 존재하지 않는 세상은 상상할 수 없었다.

수능이 끝나고 그 누구도 재수를 결심하지 않는 '수능성적표 나오기 전날' 고3의 형식적인 굴레를 벗어던진 우리들은 교실 앞 복도에 지긋지긋한 참고서와 문제집을 내다 버렸다. 그것은 일종의 전통이었다. 고3 선배들이 교실 밖으로 산더미처럼 다 쓴 책들을 쌓아놓으면, 고2 후배들이 쉬는 시간마다 하이에나 떼처럼 쓸 만한 참고서들을 가져갔다.

동정의 눈빛으로 고2 후배들을 바라보는 일. 그때가 고등학교 3년 중 가장 행복한 순간이었다.

수능 결과가 곧 나오면 이 행복도 끝날 것 같아 재빨리 염색도 하고 귀도 뚫고 알바도 시작했다.

성적표가 나오고 갈 수 있는 대학이 정해지자 수능 끝난 행복도 쪼그라들었고, 나는 아르바이트에 몰두했다. 그리고 처음으로 내 손으로 돈을 벌었다. 10만 원을 거하게 부모님 용돈으로 드리고 동대문시장에 가서 쇼핑을 했을 때. 나는 다시 행복의 최고점을 맛보았다.

ARS로 대학 합격자 통보를 받았을 땐 행복의 크기가 더 컸다. 졸업을 하면 전쟁 같은 고난사가 펼쳐질 것 같았지만 위기와 기회 속에서 내 청춘의 행복은 다양한 형태로 찾아왔다. 반듯한 직장에 취직을 했을 때, 사표를 내고 첫 배낭여행을 떠났을 때, 내 이름으로 책을 쓰고 작가가 되었을 때, 첫 독자를 만나 사인을 해줬을 때마다 다시는 더 큰 행복이 없을 거라 생각했는데 놀랍게도 늘 새로운 행복이 나를 찾아왔다.

우리는 행복이 찾아올 때마다 동시에 본능적으로 불안감을 느낀다. 앞으로도 행복할 일이 남아있을까 하고 말이다.

많은 청춘들이 30대가 되면 행복하지 않을 거라 생각하지만 틀렸다.

서른 줄에 와보면 행복할 일이 더 많다. 결혼을 하고 집을 사고 아이를 낳고 가족을 이룬다는 건 내가 지금은 상상도 할 수 없는 행복일 거다.
마흔이 되면 또 다른 인생이 보인다고 한다. 그래서 히말라야를 등정하는 산악인들은 2,30대가 아닌 40대가 많다. 50대가 되면 어른이 되어가는 자식을 보며 행복을 느낀다고 한다. 그리고 다시 소년 소녀가 되어 인생을 즐길 줄 알게 된다. 우리 엄만 어느 기타리스트 콘서트에 다녀와서 사인 포스터를 안방에 붙여놓으셨다. 우리 아빠가 카메라 하나 들고 전국을 여행하며 사진을 찍기 시작한 것도 50대이다. 60이 넘어 인생에 황혼기가 찾아오면 새로운 계절을 맞는 순간이 행복해진다고 한다. 벚꽃 길을 걷는 할머니, 할아버지의 표정은 누구보다 환하다.

옆에 내 손을 꼭 잡은 동반자가 처음 사랑을 다짐했던 그 미소 그대로
내 곁에 있어준다면 그것 또한 가장 큰 행복일 거다.
행복은 그렇게 끝없이 찾아올 것이다.

#59 길 잃어버리기

길을 잘 잃어버리는 건 습관일까 성격일까.
꼼꼼하지 못하고 덤벙거리는 사람이라면 성격일 테고,
건망증처럼 기억하는 것에 무딘 사람이라면 습관일 테지.
성격이든 습관이든 되도록 길을 자주 잃어버리고 싶다.
늘 가던 길 벗어나 궁금했던 골목길로 살짝 빠져도 보고,
고속버스터미널에서 가장 멀리 가는 버스에 무작정 올라보고
한강 따라 걷다가 서울을 벗어나 보고
그래서 길을 잃어버리는 기회가 많았으면 좋겠다.
늘 가던 그 길 말고, 눈 감고도 버스 탈 수 있는 정류장 말고,
학교 가는 길, 회사 가는 길, 집에 가는 길 말고
자칫하면 잃어버리고 헤맬 수 있는 낯선 길에 자주 서고 싶다.

#60 까무러칠 일

콜럼버스에게 나침반이 없었다면 대륙을 탐험할 수 없었겠지.
마젤란에게 망원경이 없었다면 지구를 항해하지 못했겠지.
세상이 편해지다 보니 세상을 탐험하는 방법도 바뀌었다.
오지에선 GPS로 위치를 확인하고
낯선 도시에 도착하면 구글맵으로 미리 주변 정황을 살피니
콜럼버스와 마젤란이 이 사실을 안다면 얼마나 까무러칠 일인가.

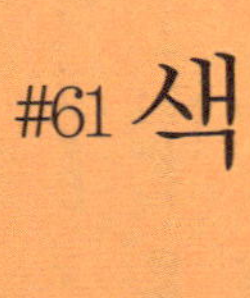

#61 색

계절에 색이 있다는 건 얼마나 다행스러운 일인가.
온도와 바람을 느끼지 못하고, 향기를 맡지 못해도
색깔만으로 계절을 발견할 수 있다는 건 얼마나 감격스러운 일인가.

먼지 낀 앨범 속 사진을 보면서 "맞아 그해 가을은 이랬었지"
추억할 수 있다는 건 얼마나 찬란한 일인가.
덕수궁 길에서 화가의 눈 내리는 그림을 보면서
계절보다 먼저 겨울에 가 있는 마음이란 또 얼마나 낭만적인 일인가.

#62 미안한 편지

너와 처음 여행을 간 곳은 유럽이었지 아마도.

배낭여행 열흘쯤 지나서인가, 뮌헨의 유스호스텔에서 가위에 눌려 잠에서 깼을 때 밤새 너를 붙잡고 이야기를 쏟아냈지. 사실 그렇게 재밌는 얘기도 아니었는데 다시 불을 끄고 잠들기가 무서웠었어.

카트만두 도시 전체가 정전되었을 때도 나는 너만 있으면 든든하게 어둠을 날 수 있었어. 히말라야 트레킹을 떠났을 땐 처음 이틀 빼곤 너를 가방에서 꺼낼 힘조차 없었던 거, 그래서 너 대신 노트를 꺼내 일기를 썼던 건 지금도 미안하게 생각하고 있어.

우린 참 많은 카페도 함께 다녔지. 우두커니 혼자 낯선 도시에 앉아 있는 게 쓸쓸해질 때마다 난 너를 꺼내서 지금 내 기분을, 오늘 다녀온 곳을 친구에게 수다 떨듯 써내려갔고, 그러다가 보고 싶은 사람이 문득 생각날 땐 네가 편지지가 되어주기도 했지.

그러고 보니 서른 살 새해에도 맥주 대신 네가 있었구나. 인도에서 말이야. 바라나시 골목은 폭죽소리와 사람들의 노래로 들썩였지만 나는 여행자라는 이유로 밤 12시, 밖에 나가지도 못한 채 숙소 주인의 감시를 받아야 했지. 그렇게 사람 마음을 들썩이게 할 거면 방에 전구라도 넣어주던가….

어두운 방 안에서 나는 너의 하얀빛만 바라보며 씩씩거리다가 너에게 서른 살 각오들을 장황하게 들려주고는 잠이 들었지.

너의 옆에 맥주가 놓일 때면 나는 너를 금방 배신했지만, 네 옆에 커피가 놓일 때면 너는 배터리가 닳을 때까지 내 친구가 되어줬어.

더 이상 네가 복구되지 않는다는 슬픈 소식을 듣고 나서야 귀퉁이 깨진 네 모습이 보였어. 내가 너를 참 많이도 데리고 다니며 고생만 시켰구나. 그래 참 오래 버텨주었어.

고상한 소설가 만나서 우아하게 커피향 나는 작업실에만 있었더라면 좋았을 걸. 새내기 대학생 만나서 레포트 쓸 때만 살짝살짝 열렸더라면 더 오랜 세상 빛 봤을걸.

주인 잘못 만나 모래바람 바닷바람 산바람 온갖 바람 다 버텨내고, 트렁크에 실려 모진 검색, 거친 수하물 통로 다 감수해내고, 마감 때면 짜증스러운 내 열손가락 잘 견뎌내고 결국엔 수명 다한 너에게 이렇게 편지를 쓴다.

그런데, 어째 새 노트북으로 너에게 편지를 쓰니 어쩐지 더 미안한 마음이 든다.

#63 빨간 대문

가던 걸음 멈추게 하는 요 앙큼한 대문 좀 보소.
경고하는 빨간색도 아니요, 위험하다는 빨간색도 아니요.
금지한다는 빨간색도 아닌 요 쾌활한 빨간 대문 좀 보소.
이토록 상쾌한 대문을 어찌 그냥 지나치겠소.
햇살에 쨍하고 열릴 것만 같아 한참을 머물러보오.
대문 칠한 주인아저씨 마음도 요래 따뜻한 대문 색과 같겠지.
대문 콩콩 두드리면 예쁜 주인집 딸내미 통통 뛰어나올 것만 같소.

#64 옥탑방

부 짝 항

여름엔 덥고, 겨울엔 춥고, 평수도 적은데 오르내리긴 힘에 부치고
그래도 옥탑방이 넉넉하다 할 수 있냐고?
자, 들어봐.
옥상에 내리는 햇빛, 달빛 다 자치할 수 있고
평상 깔고 앉아 삼겹살 구워먹을 수 있고
장독대 화분, 마음대로 가져다 놓을 수 있고
스파이더맨 되어 빨랫줄 사방에 칠 수 있는데?
넉넉함과 부족함은 생각의 한끗 차이.

문래동 철제거리 '대한철공소' 옥상에 사는
스물다섯 그림 그리는 청년의 옥탑방 예찬론.

#65 무기력증에 맞서기
무기력증에 맞서기

모든 게 귀찮고 무기력해질 때가 있다. 무기력증이 찾아오면 단편영화 러닝타임에 대적할 보험광고가 TV에 나와도 리모콘을 찾지 않는다. 택배 아저씨가 초인종을 눌러도 부재중으로 위장해 경비실에 맡기게끔 한다. 친한 친구한테 오랜만에 전화가 와서 통화버튼을 누르고 "여보세요"라고 말하는 것도 냉장고를 열어 우유 뚜껑을 돌려 따는 것도 전자레인지에 1분 30초 동안 언 밥을 데우는 것도 귀찮다. 그럴 때가 있다.

무기력과 싸워볼 의지조차 없이 무기력할 때. 귀찮으면 안 되는데 라는 생각 조차 귀찮을 때. 보통은 사랑이 끝났을 때 그렇지만 살면서 이별 때문에 인생 이 곤두박질치는 경험을 얼마나 해보겠는가. 이런 경우는 흔치 않으니 까짓것 청춘이 주는 독한 감기 앓는다고 생각하자.

"나는 타고난 귀차니스트다"라 선언하고 날마다 소파에 누워버릴 게 아니라 면 우리는 시도 때도없이 찾아오는 무기력증과 맞서야 한다.

미국의 대문호 핸리 데이빗 소로우는 아침마다 자신에게 세 가지 질문을 던졌다고 한다.

내가 즐거워하는 일은 뭘까?

나는 무엇에 행복할 수 있을까?

내가 감사하는 일은 무엇일까?

아주 간단하고 시시해도 우리를 살아가게 해주는 원동력은 이 세 가지 질문에 모두 들어있다. 생각해보면 우리가 웃고 행복했던 순간들은 아주 소박하고 일상적인 일들이었다. 물론 대학합격, 취직, 승진, 결혼, 출산, 내집마련 같은 굵직한 기쁨이 존재하긴 하지만 이런 스케일의 기쁨이 매일매일 닥친다면 어디 감당이나 하겠는가.

햇살 좋은 날 산책하기, 여름에 엄마가 썰어주는 수박 먹기, 퇴근하고 동료와 시원한 맥주 한잔하기. 수업 빼먹고 놀러 가기, 시험 끝나자마자 외운 거 몽땅 잊어버리기. 미드 다음회를 곧장 이어서 볼 때. 별거 아닌 것 같은 일상의 행복들로 우리는 세상이 살 만하다고 느끼고 있는 것이다.

그렇다면 우리가 때때로 축 늘어져서 무기력한 상실감에 빠진다는 건 이런 사 소한 행복을 느끼지 못한다는 걸까? 아니다. 단지 마음이 지쳐 지금 내 주변에 존재하는 행복들을 발견하지 못하고 있는 것이다. 우리가 발견해 주길 기다리 는 행복들이 지금 사방에 씨앗처럼 뿌려져 있다. 그걸 발견해 물을 주면 된다.

가난해서 그녀에게 꽃다발을 사줄 수 없다면
사랑이 슬픈 일인가?
부모님이 그 사람을 반대한다면
사랑이 슬픈 일인가?
그의 마음이 식을까 봐 매일 조마조마하다면
사랑이 슬픈 일인가?
그녀가 차갑게 헤어지자고 말하는 악몽을 꾼다면
사랑이 슬픈 일인가?

사랑해서 슬픈 일은 없다.
가난해도 사랑을 하면 공기조차 꽃처럼 향기롭고
부모님이 반대할 만큼 인생의 중요한 결정을 쥐고 있다면
우리는 어른이 된 것이다.
마음이 식을까 봐 조마조마한 그가 있고, 놓치기 싫은 그녀가 있다.
사랑해서 슬픈 일은 없다.

그러니 그대, 사랑을 해라.

#67 연탄

도시의 골목에서 살굿빛 뽀얀 연탄재를 만나기란 쉽지 않다.
60년대, 서울에만 400개가 넘었던 연탄공장은 이제 이문동에 하나 남아
11월이 되면 추운 골목 가파른 계단으로 불꽃이 될 까만 연탄을 배달한다.
내가 아주 어렸을 때도 연탄을 피웠던 기억이 있다. 도시가스가 전국적으로
공급되기 전인 80년대였는데, 엄마는 연탄이 다 타오르기 전에 밑불 위에
새 연탄을 올리고 연탄구멍을 맞췄다. 열아홉 개의 눈이 동시에 시뻘건 눈을
뜨는 광경을 지켜볼 때면 엄마는 연탄 냄새 맡지 말라고 나와 언니를 저만치
밀어내셨다.
언니와 나는 연탄재가 식으면 밖에다 쌓아놓는 일을 도맡았다. 간밤에 제
한 몸 불사른 연탄재는 어느새 가벼워졌고 우리는 연탄재 하나씩 품에 안고
멀리 공터로 나가 연탄재를 부수며 놀았다. 간밤에 눈이 잔뜩 쌓이면
연탄재를 굴려 눈사람을 만들기도 했다.
연탄 한번 피워보겠다고 떼를 쓰면 엄마는 아직 어려서 안 된다며 식은 연탄
만 나르게 하셨고, 결국 언니와 나는 연탄재만 나르다가 우리집엔 도시가스가
들어왔다.
도시의 낡은 골목에서 연탄재를 만나면 아궁이에 활활 타오르던 어린 시절의
겨울이 떠오른다. 아궁이 위에서 모락모락 김 내던 언 운동화, 작은 두 손으로
낑낑대며 들었던 연탄집게 그리고 연탄이 있어 따뜻했던 그 시절의 이웃들이
떠오른다.

#68 여행은 오지랖

여행을 마치고 포근한 내 방 침대에 드러눕는다고, 소파에 앉아 TV를 본다고
일상으로 돌아온 게 아니었다. 여행이 그저 사진 몇 장의 추억으로 남는 게
아니었다.

나는 그곳에서 돌아와 뉴스와 인터넷에서 내가 머물렀던 그 나라의 비보를
듣고는 가슴이 철렁한다.

몽골의 겨울한파가 가축 수만 마리를 얼어 죽게 했고, 인도의 어느 마을에선
지진이 났고, 이집트와 네팔은 반정부시위로 도로가 피로 물들고 있다는
뉴스를 접하면 마음이 저려와 아무 일도 손에 잡히질 않는다.

지구는 비극과 희극을 오가며 언제나 그렇게 돌아가고 있었는데,
여행을 다녀오면 그곳의 비극이 내 일처럼 여겨져 도무지 견딜 수가 없었다.
내게 차를 건넸고 식탁 한 자리를 내어주었고, 친절하게 길을 알려주던
친구들이 자꾸만 떠오르는 거다.

인도를 다녀와서 몇 개월 동안 우리나라를 여행했다.
평창 깊은 산골에서 소와 염소를 방목하며 키우는 아저씨도 만났고,
보령 앞바다에서 40년째 배를 타는 선장님.
나주 영산강에서 자연산 장어 낚시하시는 장어집 사장님,
지리산에서 고사리 농사짓는 노부부,
새빨간 열매 봉지 한가득 담아주시던 문경 오미자 농장 아주머니.
나는 이제 계절마다 걱정거리를 안고 살고 있다. 여름엔 가뭄, 수해, 가을엔
우박, 봄과겨울엔 산불. 구제역에 이제는 4대강까지
여행이 만들어준 내 오지랖 때문에 이 도시처녀는 오늘도 마음고생이다.

병아리만 한 새끼 새 한 마리가 아파트 앞 화단에 쌓인 마른 나뭇가지에 발톱이 걸린 채 퍼덕이고 있었다. 나무 둥지에서 떨어진 모양이었다.

둥지에서 떨어진 새끼 새는 어미도 버린다던데….

나는 가여운 마음에 새끼 새를 양손으로 감싸 들었다.

그런데 푸드덕, 갑자기 어미 새가 날아와 내 주위를 돌며 빽빽 소리를 냈다. 흡사 까마귀 소리 같기도 한 어미의 소리는 새끼를 내려놓으라는 울부짖음이었다.

어미가 새끼 곁을 지키고 있다는 건 다행이었지만 이대로 화단에 놔두면 고양이나 족제비가 물어갈 게 뻔했다.

나는 어미 새의 눈치를 살피고 다시 조심스럽게 새끼 새를 집으로 데려왔다.

나에게 묘안이 있었다. 밑이 넓은 쇼핑백에 짚을 깔고 작은 나뭇가지들을 넣었다. 어미의 둥지보단 폭신할 것이다.

우리집은 다행히 1층이라 둥지를 베란다 국기게양대에 걸어놓으면 어미가 새끼를 매일 들여다볼 수 있을 것이라 생각했다.

국기게양대에 둥지가 걸렸다. 비가 오면 국기 대신 우산을 꼽으면 되겠다. 나는 천재가 아닐까 속으로 생각했다.

그런데 한참을 기다려도 어미 새가 보이질 않았다. 새끼 새가 떨어진 곳에서 먼 곳도 아닌데 내가 제 새끼를 아주 멀리 데려간 거라 생각한 걸까.

어미에게 너를 떼어놨지만 이게 네가 사는 방법이라고 새끼 새에게 말했다. 그러나 녀석은 내 속도 모르고 인간의 둥지 안에서 어린 날개만 퍼덕이며 어미를 찾았다.

나는 쌀을 불려 빻아서 작은 접시에 가져가 보았지만 먹지 않았다. 다큐멘터리에서 보았던 것처럼 입에 직접 넣어줘야 하나, 젓가락으로 불린 쌀을 집어 부리에 가져다 보았지만 새는 입을 벌리지 않았다.

다음 날 아침. 아무것도 먹지 못했을 새끼 새가 걱정돼 베란다로 나가 보았다. 그런데 내가 만든 둥지 안에는 까만 열매들이 가득했다. 그것은 어미가 밤새 물어다 놓은 벚나무의 열매, 버찌였다. 어미가 다녀간 뒤로 새끼 새는 내가 둥지를 툭툭 건드리면 반사적으로 입을 벌렸다. 나를 겁내지 않고 어미를 마주한 듯 먹이를 달라고 입을 벌리는 새끼 새를 보니, 나는 정말 벌레사냥이라도 나가고 싶은 심정이었다.

서둘러 집에 있는 곡식들을 불려서 입에 넣어줬다.
그때 난 새끼 새의 모습을 자세히 볼 수 있었는데 날개엔 깃털이 돋아나고
있었고, 듬성듬성 빠진 솜털 사이로도 깃털이 자라고 있었다.
그런데 말갛게 있어야 할 새끼 새의 눈이 보이질 않았다. 나는 녀석이 새끼라
아직 눈을 못 떴을 거라고 생각했다. 그런데 새는 며칠이 지나도 눈을 뜨지
못했다. 둥지에서 떨어질 때 두 눈을 다친 모양이었다. 눈이 있어야 할 자리엔
딱지가 말라붙어 있었다.
눈이 먼 새끼 새를 어미는 포기하지 않은 것이다.
어미 새와 나는 교대로 버찌와 불린 곡식을 새끼 새의 입에 넣어줬다.
두 주가 지나고, 활발해진 새끼 새는 몸집도 제법 커졌고, 그릇에 물을 넣어주
면 목욕을 하며 물장난을 치기도 했다.
'앞을 보지 못하니 날 수도 없겠지. 더 큰 둥지를 만들어줄게, 나와 함께 살자.'

그런데 새가 날아갔다. 요 며칠 둥지 밖으로 자꾸만 날아올라와 베란다 창틀
에 올라서는 걸 몇 번씩 둥지 안으로 내려줬는데 새가 날아간 것이다.
앞을 보지 못해도 날개가 있으니 새는 날고 싶었을 것이다.
보는 것보다 날려고 하는 본능이 더 컸기에 새는 날아오르고 싶었을 것이다.
새는 국기게양대에 걸린 둥지로 돌아오지 않았다. 접시에 물은 다 말랐고,
어미가 매일 물어다 주었던 버찌도 까맣게 말라버리자 나는 곧 둥지를 거뒀다.

며칠 뒤 빡빡거리는 새 소리가 창밖에서 들려왔다. 두 마리가 번갈아가면서
집 앞 나무 위에서 소리를 내고 있었다. 잎이 우거져 올려다볼 수는 없었지만
난 그들일 거라고 믿었다.
그 뒤로 어디를 가든 나무가 있는 곳에선 새소리가 들렸다. 새들은 늘 우리
곁에서 둥지를 틀고 살아가고 있었는데 이렇게 새소리에 귀를 기울이는 일은
처음이었다.
그해 여름 나는 매미 소리를 듣지 못했다. 내 귀에는 오직 새소리만 들려왔기
때문이다.

#70 콩깍지

대학 가면 살 빠진다고 하죠.
대학 가도 안 빠질 살은 안 빠집니다.
살 빠지면 예뻐진다고 하죠.
살 빠져도 확 예뻐지진 않습니다.
예뻐지면 연애하기 쉽다고 하죠.
예쁘면 눈만 높아져 싱글로 남기 쉽습니다.
성격 고치면 남자가 따를 거라고 하죠.
착해지니 남자에게 이용만 당합니다.

근육 만들면 여자들이 좋아한다고 하죠.
근육이 붙는다고 매력이 붙는 건 아닙니다.
스포츠카 타면 여자친구 생긴다고 하죠.
여자들은 좋아하는 남자라면 손잡고 걷기만 해도 행복합니다.
돈 잘 써야 여자한테 인기 많다고 하죠.
여자는 좋아하는 남자, 돈 펑펑 못 쓰게 합니다.

그러면 도대체 어쩌란 말이냐구요?
여자는 자신의 모습을 그대로 사랑해 줄 수 있는 남자를 만나고,
남자는 자신의 매력을 발견해 줄 여자를 만나면 됩니다.
그런 사람이 어디 있겠느냐구요?

눈에 콩깍지가 씌어버리면 됩니다. 사랑은 그런 겁니다.
나 눈에만 예쁘고 내 눈에만 최고면 됩니다.
그런 사람을 만나면 됩니다.

#71 장작불 같은 사랑

볏짚삼겹살을 아시나요?
잘 마른 볏짚더미에 불을 붙여 활활 타오르는 불 속에 삼겹살을 익히면
앞뒤로 15초, 기름 쪽 빠지고 은은한 향 배어난 최고의 맛이 탄생하죠.
볏짚이 타오를 때 온도는 섭씨 1000도까지 올라간다고 하니, 육즙 그대로 살
린 그 맛은 분명 기가 막힐 테지요.
불타는 볏짚은 한마디로 화끈하다고 할 수 있지요.
그런데 짚불을 피우는 모습을 본 적 있나요?
삼겹살 굽는 아저씨 옆에 마른 짚이 산더미처럼 쌓여있었는데, 볏짚이 순식간
에 타오르고 사라지기 때문에 짚불이 계속 타오르려면 볏짚 한 더미씩 쉬지
않고 넣어줘야 했지요. 때를 놓쳐 불을 꺼뜨려도 상관은 없어요. 아저씨 손에
는 언제나 라이터가 들려있으니까요.
그런데 장작불은 어떤가요?
몽골에서 유목민의 게르에서 하룻밤 묵은 적이 있어요. 둥근 게르 한가운데에
는 장작난로가 놓여 있죠. 추우면 불을 때라고 게르 주인아저씨가 잘 쪼개진
장작 한아름 가져다주셨는데 새벽에 불을 때야 할 순간이 찾아온 거예요.
나무 한 토막을 한 손에 들고 라이터에 불을 켜서 나무에 가져갔죠. 불이 붙을
리가 있나요. 장작에 불을 피워봤어야 알죠. 그때 하는 수없이 20미터 떨어진
게르에서 자는 유목민 아저씨를 깨워서 불을 붙여달라고 했어요. 도저히 추워
서 침낭 속에서도 잠을 이룰 수가 없었거든요.
초원에서 살아온 유목민들에게도 장작불 피우는 건 쉬운 게 아니었어요.
마른 가지와 말린 야크똥으로 밑불을 피워놓고 그 위에 장작을 올리는데 나무
에 불이 옮겨붙기도 전에 자꾸 불이 꺼지더라구요. 10분이 지나서야 장작이
타오르기 시작했어요. 아침이 올 때까지 장작엔 붉은 잔불이 남아있었어요.
네 시간 동안 나무토막 몇 개로 따뜻하게 잘 수 있었던 거예요.

장작불 같은 사랑을 하고 싶어요.
불을 붙이기는 어렵지만 한번 타오르면 오랫동안 꺼지지 않는 그런 사랑 말이
에요. 활활 타오르다가 뜨거운 숯이 되면 3000도까지 오를 수 있는 불씨가 되
고 싶어요. 혹여 더 이상 태울 장작이 없어 불이 꺼지더라도 오랫동안 잔불로
따뜻하게 남을 수 있는 그런 사랑을 하고 싶어요.

#72 빗물빨래

'비 오는 데 빨래 안 걷으세요?'

'비오니까 널어놓은 거예요. 바닷물은 갯벌이라도 내주는데
빗물도 할 일이 있어야죠.'

#73 인생 표지판

정지
STOP

인생의 어느 한순간,
시간을 멈추고 생각할 시간을 가져야 한다면,
우리는 어디쯤 정지표지판을 달아야 할까.

"STOP!"이라고 강하게 외쳐야 하는 정지표지판을 어디쯤 둬야 할까.
'그때쯤 그만 둬야 했어.'
'그 말을 꺼내지 말았어야지.'
'거기서 사랑을 멈췄어야 했는데…'
하지만 우리는 시간이 흐른 뒤에야 후회하고 깨닫는다.
인생엔 브레이크를 밟으라는 표지판이 없다. 과속방지턱도 없고 천천히
가라는 신호도 없다. 이미 지나쳐버린 후에 미련의 표지판이 생길 뿐이다.
후회해야 다른 길이 생기고, 머뭇거려야 지름길이 보인다.
때론 질주해야 고속도로가 펼쳐진다.
아무도 표지판을 놓아주지 않아서 수많은 길들에 수많은 청춘들이 오늘도
방황한다. 그럼에도 조금만 더 견뎌내고 조금 더 부딪혀보면
어느 날 내가 가는 길보다 먼저 방향표지판이 세워져 있을지 모른다.

#74 꿈꾸는 골뱅이

제아무리 주먹만 한 골뱅이라도 감히 소라를 꿈꾸지 못한다.
삶은 골뱅이 속 빼먹고 남은 껍데기로 어느 누가 귀에 대고 바닷소리
들어보겠는가.
벗겨놓고 보면 소라나 골뱅이나 매한가지이거늘
태어날 때부터 예쁜 이름 얻은 소라는 바다의 아련한 추억을 떠오르게 하는데
골뱅이는 바다는 커녕 500cc 맥주만 생각나니 어쩌란 말인가.
너에게도 바다가 있고 파도가 있고 바위가 있었을 테지.
그래.
내 기꺼이 너의 빈껍데기 창틀 위에 올려놓을 테니
너는 내게 파도소리 가져다주렴.

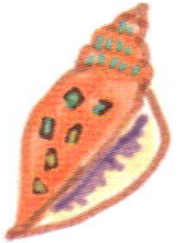

#75 그런 사람이었으면

무딘 사람이었으면 좋겠다.

그래서 계절에 둔감한 사람이었으면 좋겠다.
새벽에 눈 내리는 소리를 듣지 못해서, 창밖으로 하염없이 내리는 눈을
바라볼 일도 없는 사람이었으면 좋겠다.

음악에 예민하지 않은 사람이었으면 좋겠다.
사람 목소리는 싫다고 연주음악만 듣거나 해석 불가능한 전자사운드를 강요
하지 않는 사람이었으면 좋겠다. 차라리 라디오에서 흘러나오는 아무 가요에
나 흥얼거리고, 1위부터 100위까지 MP3 다운받아 랜덤으로 듣는, 음악에 무심
한 사람이었으면 좋겠다.

와인을 잘 모르는 사람이었으면 좋겠다.
코르크 향 맡으며 보관이 잘못됐느니 어쩌니 하지 않고,
제조사, 품종, 연도 뭐가 뭔지 몰라도 기념일엔 친구가 추천한 와인 한 병 머쓱
하게 들고 오는 사람이었으면 좋겠다. 그래도 코르크는 한 번에 잘 땄으면
좋겠다.

적당히 흐트러질 줄 아는 사람이었으면 좋겠다.
함께 술 마시면 농담 섞인 헛소리도 두어 번 하고 풀린 눈에 힘주느라 눈꺼풀
감기다가, 취한 모습 안 보이려고 내 손잡고 실없이 진지한 고백 내뱉는 사람
이었으면 좋겠다. 그래서 내 얼굴에 벌겋게 술 달아올라도 화장실 들락거리며
화장 고치지 않고, 마음 놓고 술잔 부딪힐 수 있는 사람이었으면 좋겠다.

#76 쓸쓸해야 골목

쓸쓸해야 골목이다.
구겨진 대문 앞에 화분이 놓여도,
화분에 물주는 주인 마음은 쓸쓸해야 골목이다.
골목길 차지한 아이들이 해가 질 때까지 깔깔대고 놀아도
집으로 돌아가는 아버지 마음은 쓸쓸해야 골목이다.
언덕에 있어도 가장 낮은 길.
유화보다 수채화를 닮은 길.
장에 간 주인 기다리는 강아지 마음.
동네 아는 얼굴 기다리는 할머니 마음
낮에는 오줌줄기도 찾지 않는 전봇대 마음.
모두 다 쓸쓸해야 골목이다.

#77 너에게 가는 길

꽁꽁 언 길 위에는 압사된 흰 눈이 마지막 겨울을 붙잡고 있었다.

신발 안으로 시린 기운이 들어와 얼마 걷지 않았는데 발가락이 얼었다.

군데군데 거울처럼 얼어버린 길을 걷다 미끄러질까 봐 두 손을 주머니에 넣지도 못한 채 걸었다. 입김으로 언 손을 녹여보지만 깨질 듯 차가운 공기를 뚫지 못한다.

손도 마음도 차갑게 언 채로 너에게 갔다.

손이 유난히 따뜻했던 너였다.

너를 처음 만났을 때도 세상이 꽁꽁 얼어버린 겨울이었다.

파르르 떨고 있는 내 손을 보자, 너는 끼고 있던 장갑을 빼서 내게 내밀었다.

따듯한 네 손의 온기가 느껴졌다. 이렇게 따뜻한 손을 가진 너의 심장은 데이도록 뜨거울 것 같았다. 너의 손을 잡기라도 한 것처럼 나는 가슴이 떨렸다.

너는 장갑이 식으면 다시 데워주겠다고 내게 싱겁게 말했다.

두꺼운 패딩코트를 입고도 오들오들 떨 만큼 나는 추위에 약했다. 너는 내가 여름에 태어났기 때문이라고 했다. 1월에 태어난 너는 눈 내리는 한겨울을 좋아했다. 막 눈이 내릴 때 보다 쌓인 눈이 길 위에 차갑게 남아있는 걸 좋아했다. 너와 난 오래된 눈 위를 걸으며 겨울을 보냈다.

봄이 찾아왔다. 구석구석 따뜻한 봄이 내리니 겨울이 숨을 곳이 없었다.

우리가 남긴 눈 발자국도 도망치지 못하고 녹아버렸다.

겨울이 지나면 너는 떠나야 했다. 우리는 어떤 기약도 하지 않았다. 언젠가는 녹아 없어질 눈 발자국처럼 우리의 만남은 겨울 같은 것이었다.

너에게 가는 길. 네가 좋아하는 겨울이 어김없이 찾아왔고 눈처럼 너도 겨울을 따라 돌아왔다.

우리가 만나기로 한 길 위에서 너는 갈색 코트를 입고 깃을 세운 채 주위를 두리번거리고 있었다.

나는 시린 손이 보일까 봐 얼른 주머니에 손을 넣었다. 나는 너의 장갑을 다시는 끼지 않기로 마음먹었다. 손도 발도 마음도 꽁꽁 언 채로 너에게 가는 길, 차가운 바람에 오직 두 눈에만 뜨거운 것이 어렸다.

#78 공항에서 글쓰기

직장인에게는 반듯한 사무실이 있다지만 프리랜서인 작가에게는 일할 공간
이 정해져 있지 않다. 보통은 쾌적한 커피전문점의 구석자리가 작업공간이
되는데 이 경우도 다른 사람에게 자리를 뺏기지 않을 경우만이다. 그날 따라
옆 테이블에서 미시족들의 긴 수다가 벌어진다거나 음악이 귀에 거슬릴 정도
로 크다거나 에어컨이 너무 세서 몸살이라도 날 지경이면 글쓰기를 중단하고
다른 공간을 찾아 나서야 한다. 출간 기획을 하고 정해진 기한 내에 원고를
마쳐야 하는 프로젝트일 경우에는 집을 떠나 좁은 작업실을 마련해보기도
했지만, 개인 작업실을 소유한 유명작가들처럼 작업실에서 작업에만 집중하
는 내공이 나에겐 없다. 하나둘 늘어나는 살림살이 때문에 결국은 노트북을
들고 글쓰기 좋은 커피숍을 찾아 배회한다.

언니가 결혼을 하고 비워진 방을 서재로 만들어보기도 했다. 한쪽 벽은
책장의 책들로 가득 채우고 커피포트와 오디오를 가져다 놨다. 방 한가운데에
는 지마켓에서 주문한 티테이블을 가져다 놓고 인도에서 산 테이블보를 씌웠
다. 서재가 창고로 전락하기까지 두 달이 걸렸다.

글 쓸 만한 환경이 안 된다고 투덜거리는 내 모습이 능력 없는 작가의 한탄같
이 느껴졌다. 그러나 어딘가에 나에게 꼭 맞는 공간이 존재할 것 같았다.

그때 즈음 나는 공항엘 갔다. 알랭 드 보통이 시킨 일이었다. 그는 슬프거나
따분할 때 공항에 가라고 했다. 비행기를 타지 않아도 공항을 감상하는 것만
으로도 큰 해방감을 느끼게 될 것이라고 그가 말했다.

탈고 날짜를 앞두고 글에 집중이 되지 않아 멍하니 집에만 있는 건 슬프면서
도 따분한 일이었으니까. 나는 공항으로 갔다. 혹시나 하는 생각에 노트북과
읽을 책 몇 권을 챙겨서 공항버스를 탔다. 출국장에 도착 했는데 출국할
나라가 없으니 처음엔 굉장히 어색했다.

출국하는 층과 도착하는 층을 에스컬레이터로 오가며 사람들을 구경했다.
전광판엔 항공편과 비행기 출발시각이 깜박였다. 전광판에 찍힌 아라비아
숫자는 미지의 세계를 품고 있었다. 누군가 떠나고 떠나온 곳. 공항엔 신경안
정제와 항우울제가 기체 상태로 공기 중에 섞여 있는 게 틀림없었다.

세계 곳곳에서 모여들어 다시 전국 각지로 흩어지는 사람들.

기다림과 만남과 이별이 쉴 새 없이 이어지는 공항엔 알 수 없는 감정들이
솟구쳤다.

공기를 훅 들이마시면 눈물이 핑하고 도는 공항을 한동안 작업실로 삼았다.
장소는 넓은 공항 안에서 커피숍이나 휴게소, 인터넷카페, 텅 빈 벤치. 마음
내키는 대로 옮겨 다니면 되었다. 새벽에 글을 쓸 때에는 공항만큼 좋은 곳이
없었다. 시끄러운 음악도 없었고 가끔씩 승객을 찾거나 비행기가 지연된다는
안내방송만 흘러나왔다. 막차를 타고 공항에 가서 새벽 내내 글을 쓴 뒤에
아침 첫 버스를 타고 집으로 왔다.

글을 쓴다는 건 내게 장거리 비행이나 마찬가지였다. 긴 여행을 마쳤을 때와
같은 몽롱한 피로감이 밀려왔다. 그리고 괜히 김치찌개가 먹고 싶어졌다.

#79 숨비소리

(:해녀들이 물질을 마치고 물 밖으로 올라와 가쁘게 내쉬는 숨소리)

바다는 해녀를 아내로 삼았다.
남편 데리고 간 바다에서 먹을 걸 구해야 하는 운명이 야속했지만
해녀들의 무자맥질은 쉬는 날이 없었다.
운명처럼 바다를 만났다. 어머니는 소녀에게 바다가 품은 지형을 가르쳐줬고
소녀는 바다에서 망사리 한가득 해산물을 땄다.
바다에서 파도에서 가족의 생을 건져 올렸다.

"이어도 사나 이어도 사나 노를 저어서 저 멀리 님 계신 곳으로⋯."

해녀의 노래가 파도에 뿌려진다.
힘차게 물질을 하던 해녀들은 뭍으로 올라오면 모두 나이 지긋하신 할머니다.
물결처럼 얼굴엔 주름이 굽이치고 검게 염색한 머리칼은 파도를 닮았다.
죽어서 남겨질 옷 한 벌.
산호에 걸려 찢어진 고무 해녀복 기워가며 한평생 헤엄치며 살았다.
바다는 운명이었다.
희망이고 고통이자 삶이 된 제주의 바다를 앞에 두고
해녀들의 웃음소리가 물보라에 뿌려진다.

#80 사랑을 제대로 쓰려면

사랑을 쓰려거든 연필로 쓰라는 그 노래.
쓰다가 틀리면 지우개로 깨끗이 지워버리라는 그 노래.
영 가사가 마음에 안 든단 말이지.

틀려도 지울 수 없는 게 사랑 아닌가.
지우고 싶지만 조각칼에 패인 것처럼 지워지지 않는 게 사랑 아닌가.

그럼 다시.

사랑을 쓰려거든 연필로 써도 되지만,
지우개는 저만치 멀리 던져 버리자고.
틀렸다고 생각해서 영 지워야 되겠으면 손으로 벅벅 문지르자고.

흔적만 더 남지. 이젠 손에도 묻어버렸지.
그런 마음으로 사랑을 해야지. 그게 진짜 사랑이지.

#81 L.O.V.E

이제 막 시작한 청춘의 사랑은 서로를 마주 보는 것

황혼을 맞은 노부부의 사랑은 함께 같은 곳을 보는 것

#82 내일은 좋을 거야

만선 알리는 깃발 안고 부두로 돌아와 본 기억도 까마득하다.
아침에 일어나서 제일 먼저 바다의 기분을 살핀 지도 어언 40년째.
파도에 배가 뒤집혀서 죽을 뻔도 했다. 아우 같던 선원도 둘이나 잃었다.
바다가 성 내면 어쩔 도리가 없다.
위기 때마다 가족 얼굴이 떠올라서 당장 그만두겠다고 다짐해도,
고비 넘기고 돌아와 다시 가족 얼굴 마주하면 바다로 나갈 수밖에 없다.
"그게 뱃놈의 삶이지."
원양어선 타고 12년 동안 오대양 육대주 누비고, 연안어선 길성호의
선장이 되었다.
"내일은 잡히겠지. 내일은 좋을 거야."
빈 그물망 건져 올릴 때마다 바다를 탓한 적 한 번도 없다. 오히려 바다가
순순히 제 것을 내어주겠냐며 바다 편을 든다.
오늘 못 잡으면 내일은 좋겠지. 내일은 만선이겠지.
그래서 바다를 놓지 못한다. 희망은 그런 것이다.

#83 비룡폭포 가는 길

자판기 커피 한 잔 뽑아 눈보다 하얀 입김 내쉰다.
달콤한 커피 향에 네가 떠오른다.
눈 밟고 떠나고 싶어 여기까지 왔지만
눈 보니 네 생각이 난다.
그래서 공중전화기가 놓였나 보다.

#84 88 이발관

우리나라를 여행한다는 것은 시간을 여행하는 것이다.
서울을 여행하면 조선의 한양을 여행하는 것이고,
경주를 여행하면 천년고도 신라를 여행하는 것이다.
거창한 역사여행이 아니더라도
아버지, 할아버지의 추억을 들여다보는 여행이 되기도 한다.

삼색 등이 돌아가는 이발관은 아버지의 놀이터였다.
"가죽 혁대에 면도날 문지르고 둥근 솔에 비누거품 발랐지. 네 할아버지 턱에
하얀 거품 바르고 면도칼로 사각사각 턱수염을 깎았어."
내가 찍어온 이발관 사진 보며 아버지가 추억에 젖는다.
할아버지 따라갔다가 이발사 아저씨 손에 빡빡머리 되어도, 스르륵 잠이 오는
이발의자에 앉는 게 아버지에겐 동네에서 할 수 있는 가장 신나는 일이었다.
전라남도 나주, 작은 동네 어귀에서 만난 88이발관.
액자틀에 유리까지 해 넣은 이용사 면허증은 이제 누렇게 색이 바랬다.
번호표까지 받아서 머리를 깎아야 했던 이발관은 덩그러니 세월을 껴안은 채
쓸쓸하게 동네를 지킨다.
그래도 단골 할아버지들이 일 년에 두어 번 찾아오니 그 낙으로 가위를
놓지 않는다.
"손님도 늙고, 이발사도 늙는 거지 뭐."
허허 웃는 이발사 할아버지. 서울서 하는 88올림픽을 기념해 이발관 이름도
세련된 신식으로다가 바꾼 거라는데 이마저도 구식이 됐다며 또 한번 허허
웃으신다.

일이발관
양
발

#85 Don't tell my mother

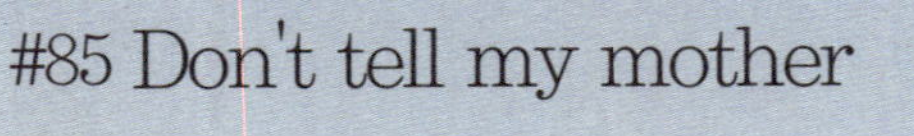

GA·01
Z7318

여행작가로 인터뷰 요청을 종종 받는다. 가장 많이 받는 질문은 여자 혼자 여행하기에 위험하지 않았느냐는 것이다. 그럴 때 나는 진부하지만 뻔한 대답을 한다.

"우리가 사는 동네에서도 사건사고는 일어나잖아요. 조심은 해야겠지만 두려움 때문에 여행을 포기하는 건 나약하다고 생각해요."

내가 좋아하는 넷지오어드벤처 채널에서는 〈Don't tell my mother〉라는 제목의 여행다큐를 방송하는데, 김병만의 〈정글의 법칙〉은 애교 수준인 위험천만한 여행 프로그램이다. 말 그대로 엄마한테 말 못하는 여행이다. 주인공인 여행자는 여행하다가 감옥에도 가고 납치도 되고 조난도 당한다. 〈걸어서 세계 속으로〉나 〈세계테마기행〉이 보여주는 여행의 낭만과 아름다움은 철저하게 무시된 채 죽어라 모험만 강행한다.

〈Madventure〉라는 프로그램도 있다. 어드벤처만으로도 롤러코스터가 떠오르는데, 모험만으로는 성에 안 차는 미국이란 나라의 방송국은 어드벤처에 Mad를 더했다. 독하다 정말.

젊은 두 여행자는 어딜 가든 최악의 것을 경험한다. 쓰레기더미를 뒤지고 공동묘지에서 자고, 반군세력의 아지트에서 숙박하고….

한마디로 미친 모험이다.

나에게도 물론 미쳤다고 할 수 있는 모험이 많았다. 하지만 그런 모험담을 한 번 나의 첫 책에 부려놓은 결과, 대부분의 독자들이 온라인 서평에 '이집트는 가지 말아야겠네요'라고 썼다(책에서 나는 이집트에서 매일같이 사기를 당하고, 심지어 총 든 강도를 만난 이야기를 장황하게 썼다).

이집트는 몽골, 네팔, 인도와 함께 내 인생 최고의 여행 4위에 당당하게 오른다. 그런데 위험했던 순간을 묘사했다고 독자들이 그 나라를 겁내는 건 안 될 일이었다.

여행을 미리 다녀온 내가 그 나라와 도시에 대해서 아찔했던 순간을 소개하다니 경솔한 짓이었다.

나도 영화 〈테이큰〉이나 〈호스텔〉을 보고 한동안 배낭여행 생각을 뚝 끊었는데, 여행을 꿈꾸며 나의 여행 잡문에 기꺼이 지갑을 열어주신 소중한 독자들에게 공포심을 안겨줄 순 없지 않은가.

그래서 난 작년에 인도 에세이를 썼을 때, 내용의 수위를 고생하고 외롭고 불쌍했던 사건에 한정했다. 〈Madventure〉나 〈Don't tell my mother〉에 해당하는 이야기는 술자리에서나 풀어놨다. 위험했던 순간은 독자들과 공유하지 않기로 했다. 앞으로도 그럴 것이다. 찌질했거나 안타까웠던 정도의 이야기만 쓸 것이다. 그래도 나의 어마어마한 사건들이 궁금하다면 나의 개인 블로그에 비밀글로 물어봐 주시길 바란다.

#86 바다 앞에 사는 기분

서당개 삼 년이면 풍월을 읊는다는데
바닷가를 앞에 두고 산지 삼 년인데 도대체 그 기분을 모르겠네요.
멍멍

#87 어른들의 가을

너희에게도 낙엽이 구슬퍼지는 날이 온다는 사실 또한 구슬프구나.

단 한 명, 누군가에 대한 기억을 지울 수 있다면 당신은 어떻게 할 건가요?
영화 〈이터널 선샤인〉처럼 만났던 기억조차 잊어버리되 〈맨 인 블랙〉의
기억제거장치처럼 아주 간단하고 깔끔하게 단 1초 만에 만났던 기억조차
싹 지울 수 있다면요?
방법은 그 사람을 머릿속에 떠올리고 버튼을 누르면 그 순간부터 당신의
기억에 그 사람이 완전히 사라지는 거예요.
아마 지금 당신은 분명 누군가를 떠올렸을 거예요.
사랑했던 사람인가요?
죽도록 지우고 싶었죠. 애당초 만나지나 말걸 후회하고 괴로웠을 거예요.
그런데 막상 기억에서 사라진다고 생각하니 행복했던 순간이 당신을
붙잡지 않나요?
만약 그렇다면 그냥 흘러가게 두세요. 당신이 지우고 싶은 건 그 사람에
대한 기억이 아니라 그 사람에 대한 마음일 테니까요.
지울 수 없다는 걸 알기 때문에 미치도록 지워버리고 싶은 거고
사랑해선 안 된다는 걸 알기에 야속하게 사랑하게 되는 거예요.
사랑도 힘들고 이별도 힘들었는데 이별 후에 오는 것들은 참 가혹하기도 하죠.
훌쩍 여행을 다녀오면 잊히겠지,
취해서 필름마저 끊기면 지워지겠지.
아무나 만나서 정이라도 붙이면 무뎌지겠지.
버스에서 펑펑 울어도 보고 온갖 이별노래 다 들어보고 휴대폰 기록,
함께 찍은 사진 다 지워도 봤는데….
안되죠. 사랑했던 사람을 지워버리는 게 그렇게 쉬운 거라면
그건 이별보다 더 슬프잖아요.

#88 단 한 명을 지울 수 있다면

#89 비둘기는 어쩌다 그렇게 되었나

2009년, 환경부는 비둘기에게 사형선고를 내렸다.

닭둘기, 하늘을 나는 쥐로 천대받아 가뜩이나 서러운 비둘기를 공식적으로 유해 야생동물로 지정한 것이다. 안타까운 마음에 비둘기의 유해성에 대해 검색을 해봤더니, 환경부 나름대로 일리 있는 이유가 있었다. 비둘기의 깃털에 수만 마리의 벼룩과 진드기가 살고 있고, 비둘기 배설물이 차량이나 건축물을 부식시킨다는 거였다. 이젠 공원에서 비둘기에게 빵을 던져주면 경범죄로 신고받을 날이 올지도 모른다.

비둘기유치원, 비둘기재활원, 비둘기공원 같은 이름들은 어떡해야 하나 괜한 오지랖이 발동되기도 한다. 한때는 평화의 상징이었다. 엄마들은 아이들 손잡고 공원에 가 비둘기에게 모이를 주게 했다. 걸음마를 떼면 강아지처럼 비둘기에게 쪼르르 달려가는 아이들을 부모는 사랑스럽게 지켜봤다. 그런데 지금 아이들은 비둘기에게 가까이 가지 말라고 부모로부터 배운다. "구구"가 아니라 "지지"가 되었다.

산에서 살다가 먹이를 찾아 도시에 정착해, 도시 매연 뒤집어쓰고 인간이 먹다 버린 음식물쓰레기를 뒤지다가 비호감 유해동물로 전락해버렸다.

비둘기가 유해 야생동물로 지정되고 새박사, 윤무부 교수님이 라디오에 전화 출연했다.

어떻게 동물을 죽여요. 어떻게 생명을 죽여요.

윤 교수는 격앙된 목소리로 말했다. 얘기를 듣다 보니 까치, 멧돼지, 고라니, 너구리도 유해동물이었다.

사람의 생명과 재산에 피해를 주는 동물이 유해동물이란다. 인간에게 유해하니 잡아서 죽여도 된다는 거였다. 나 역시 이해가 되지 않았다.

곧이어 새박사님의 마지막 한마디가 내 가슴을 쪼았다.

개들이 무슨 죄가 있어요. 죄지은 거 없어요.

평화의 상징 비둘기는 어쩌다 그렇게 되었나.

#90 꽃자리

별 좋은 곳에서 지는 해 바라보며 엉덩이 얹을 곳 있다면,
바위도 의자고 맨땅도 의자지.
그런 명당에 꽃분홍 예쁜 의자 놓였다면
꽃자리가 따로 없겠다. 참으로 향기롭게 쉬겠다.

#91 담벼락

아직도 낡은 골목 담벼락 넘는 좀도둑이 있나 보다.
그런데 그보다 병 주워다 깼을 모진 이웃에,
마음이 먼저 가서 찔린다.

#92 서울여행

담장 넘어 하늘이 있다.
담장 아래 서울이 있다.
서울에서 지는 해가 가장 아름다운 곳을 서울 사람들은 궁금해하지 않는다.
그곳은 낙산공원이다. 서울을 여행하면 그런 정보들에 귀 기울이게 된다.
가장 야경이 예쁜 곳, 조용한 카페가 많은 곳, 꽃이 제일 먼저 피는 곳 같은
여행자의 서울 말이다.
낙산공원 근처에서 직장을 다니는 친구는 입사 후 7년 동안 한 번도 낙산공원
에 오른 적이 없다고 했다. 나는 친구를 데리고 낙산공원에 올라가 하늘을
보여주었다. 낙산의 발아래엔 소박한 동네가 숲을 이루고 있었다.
친구는 내게 고맙다고 했다. 이런 곳이 있는 것도 모르고 막히는 버스 타고
엄한 곳으로만 도망쳤다고 했다.

#93 보금자리

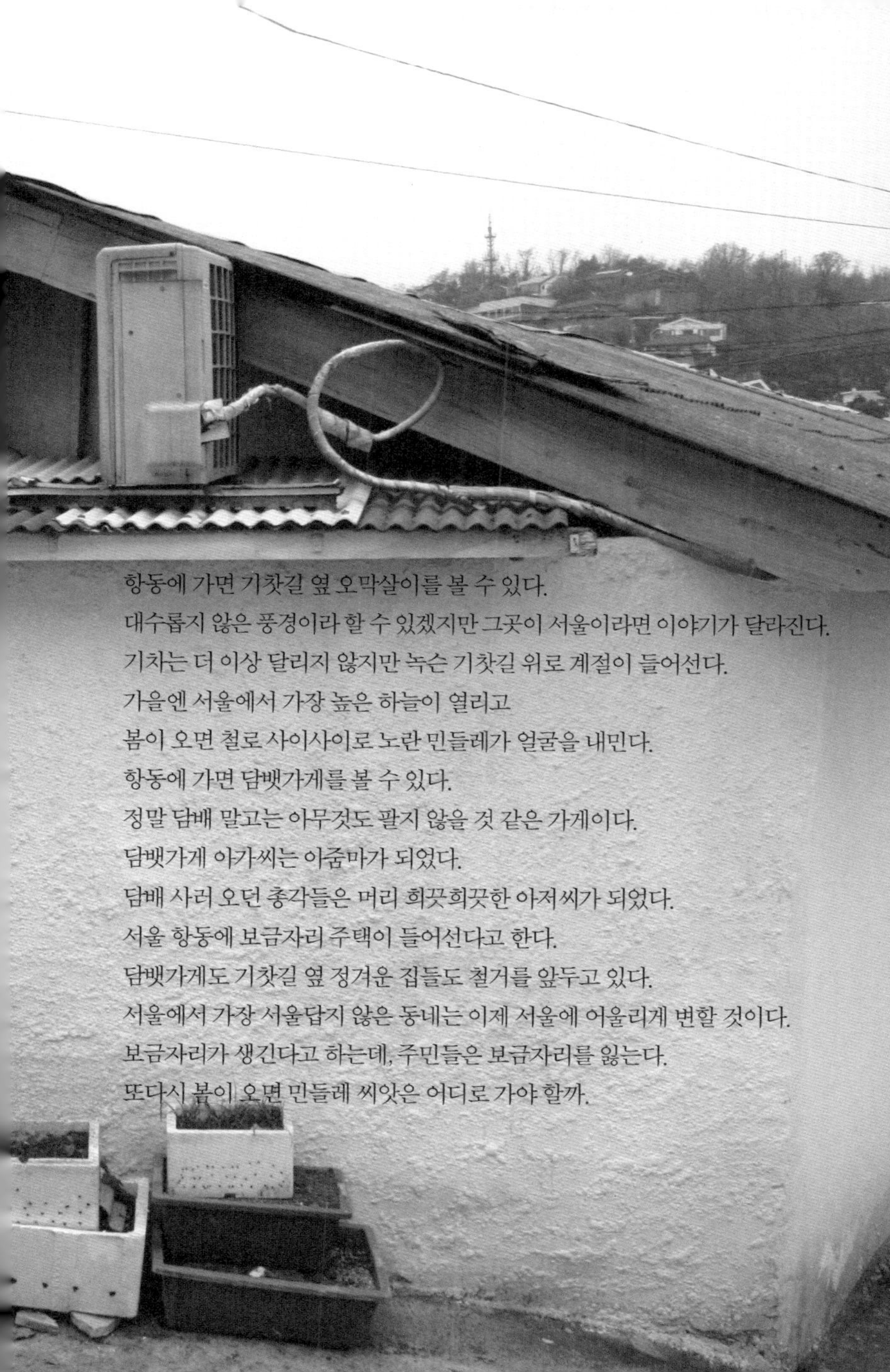

항동에 가면 기찻길 옆 오막살이를 볼 수 있다.
대수롭지 않은 풍경이라 할 수 있겠지만 그곳이 서울이라면 이야기가 달라진다.
기차는 더 이상 달리지 않지만 녹슨 기찻길 위로 계절이 들어선다.
가을엔 서울에서 가장 높은 하늘이 열리고
봄이 오면 철로 사이사이로 노란 민들레가 얼굴을 내민다.
항동에 가면 담뱃가게를 볼 수 있다.
정말 담배 말고는 아무것도 팔지 않을 것 같은 가게이다.
담뱃가게 아가씨는 아줌마가 되었다.
담배 사러 오던 총각들은 머리 희끗희끗한 아저씨가 되었다.
서울 항동에 보금자리 주택이 들어선다고 한다.
담뱃가게도 기찻길 옆 정겨운 집들도 철거를 앞두고 있다.
서울에서 가장 서울답지 않은 동네는 이제 서울에 어울리게 변할 것이다.
보금자리가 생긴다고 하는데, 주민들은 보금자리를 잃는다.
또다시 봄이 오면 민들레 씨앗은 어디로 가야 할까.

#94 혼자 **밥** 먹어도 된다

혼자 떠나는 여행만큼 완벽하게 혼자가 되는 법.
혼자 밥 먹기.
여행을 떠나면 어쩔 수 없이 혼자 밥을 먹게 되지만
가족도 있고 친구도 있고 동료도 있는 상황에서 혼자 밥을 먹으면
이상하게 세상에 홀로 남겨진 기분이 든다.
그래서 혼자 식당에 들어가면 친구에게 괜히 전화를 하고 엄마에게 문자도
보낸다.
음식이 나올 때까지 휴대폰을 만지작거리며 '나는 친구가 없어서 밥을 혼자
먹는 불쌍한 사람이 아니다'라고 식당 종업원에게 보여준다.
혼자 영화를 봐도 괜찮고 혼자 쇼핑해도, 혼자 서점에 가서 책을 봐도 괜찮던
기분이 혼자 밥을 먹으면 참 이상하게 외톨이가 된 기분이다.
혼자 밥 먹어본 사람이면 안다. 생각이 참 많아진다.
그러다가 혼자 밥 먹는 일에 차츰 익숙해진다. 처음엔 배만 채우면 되었던
것이 나중에는 맛집과 분위기와 창가 자리에도 욕심을 내게 된다. 결국엔
혼자 밥 먹는 일도 아무것도 아닌 게 된다.
인맥이 그 사람의 인성이라고 내세우는 책 중에는 혼자 밥 먹지 말라는
제목도 있다.
그러나 혼자 밥 먹는 시간은 꼭 필요하다.
이왕이면 분식집 말고 맛있는 걸 먹자. 나만을 위한 특별한 요리도 해보자.
철저하게 나 자신에 대한 성찰이 가능 한 시간.
그러니 당신, 혼자 밥 먹어도 된다.

#95 인사동에 간다

여행을 떠나고 싶어 몸살이 날 때,
그러나 메여있는 일들 때문에 도저히 떠나지 못할 때.
그럴 때 나는 인사동에 간다.
코리아로 여행 온 사람들을 보며,
내게는 가장 가까운 곳으로 가장 멀리 떠나온 사람들을 보며
그리웠던 여행의 기운을 느낀다.
비행기와 함께 싣고 온 기분 좋은 피곤함.
코리아 가이드북 사이사이에 접힌 설렘.
가족과 친구들을 생각하며 선물을 고르는 기쁨.
인사동에는 그런 기운들이 넘친다.

#96 절망하지 말 것

앞이 꽉 막힐 때가 찾아오면 절망하지 말고,
잠시 멈춰 서서 등에 진 짐을 확인해보세요.
길은 뚫려있는데, 내가 짊어진 커다란 짐 때문에
앞으로 못 나아가고 있는 건지 몰라요.

#97 다 토해내기

이별은 사랑했던 기억을 토해내는 일이다.
그러니 사랑은 만취이고 이별은 고된 숙취다.

이별이 없는 사랑은 단 한 번뿐이다.
살면서 대부분의 사랑은 이별이다.

이별을 경험할수록 사랑이 두려워진다. 더 이상 취하려 들지 않는다.

사랑은 보란 듯이 이별을 남기고,
나는 할 말을 잃어버린 채 너를 토해낸다.
바닥까지 떨어진 자존심, 벼랑 끝에 선 상실감.

너를 잊는다는 건 온몸으로 사랑했던 기억을 토해내는 일이다.

외로움만큼 깊은 슬픔도 없다.
누구나 한 번쯤은 외로움에 마음이 시리다.
사랑이 끝난 사람은 외롭다.
그러나 사랑을 시작도 못 한 사람도 외로운 법이다.
은퇴한 가장은 외롭다. 그렇다고 매일이 야근인 가장이 외롭지 않겠는가.
우리 모두 가슴에 외로운 섬 하나씩 있다.
외로움에 마음이 고달프고 외로움에 서러워 눈물이 나도,
그래도 살면서 외로움만큼은 떨치지 말자.
외로워야 사랑을 찾고 외로워야 여행을 떠나고 외로워야 시인이 시를 쓴다.
외로운 들판에도 꽃은 피고 적막한 바다에도 파도가 인다.
허공뿐인 하늘에도 새가 나니 외로워도 살아가고 견디는 것이다.
누구에게나 외로움은 있다. 그러니 외로워도 절망하지 말자.

#98 누구에게나 외로움은 있다

#99 달그림자

속리산 문장대로 오르는 길. 두 시간쯤 산을 오르면 등산객을 위한 마지막
쉼터가 나온다.
오후 4시가 넘으니 하산하는 등산객들의 발걸음도 빨라지고 있었다.
"지금 올라가면 해 떨어져요."
이제서야 느긋하게 산을 오르는 나를 보고 쉼터에서 일하는 사내가 걱정스런
한마디를 건넸다.
"걱정 마세요. 오늘 안 내려올 거예요."
아직 겨울이 남아 있는 속리산의 이른 봄. 나는 속리산 중턱에 있는 중사자암
으로 가는 중이었다. 문장대 아래 숨어있는 중사자암에서 지륜스님이 홀로
땔감을 쌓고 있었다. 찾아오는 불자도 쉬었다가는 등산객도 거의 없는 스님의
작은 암자가 나와 친구의 방문으로 떠들썩해졌다.
지륜스님은 안나푸르나 트레킹을 하던 중 만났다. 한국에 가면 히말라야 오르
던 기운으로 한달음에 속리산에 가겠다고 약속했지만 몇 개월이나 미루고
미루다가 친구의 휴가에 맞춰 떠난 여행에 속리산을 급하게 넣은 것이었다.
"스님 저 왔어요."
장작을 패던 스님이 반갑게 우리를 맞았다.
산 아랫동네는 이미 봄이 내려앉았는데 산골짜기 암자는 아직도 한겨울이었
다. 산에서 나무를 하고 장작을 패서 땔감을 만들고, 아궁이에 불을 지펴
추위를 나는 지륜스님의 겨울은 아직 한참이나 남아 있었다.
집에 손님이 오면 가구 구경, 부엌 구경을 시켜주듯이 스님은 암자에서 떨어
진 산속으로 데리고 가 땔감으로 쌓아둔 장작들을 우리에게 구경시켜줬다.
무거운 장작들을 한꺼번에 암자로 가져올 수 없어 산속 구석구석에 놓여 있는
것이었다.
젊은 우리들 부려먹으시라 했지만 스님은 아궁이에 불 지필 때 유용하니 눈에
보이는 솔방울이나 많이 주워가라고 했다.
아궁이에 불을 지피는 건 처음이었다. 마른 가지를 넣고 불이 활활 타오르는

아궁이에 장작을 넣는다. 물론 장작에 불이 타오를 때까지는 스님이 아궁이를
지켜야 했다. 탁. 탁. 솔방울이 튀는 소리가 들려왔다.

우리가 아궁이 놀이에 빠져있을 때 스님은 암자 아래 텃밭에서 달래, 씀바귀,
돌나물 같은 나물을 캤다. 잡초 같아 보이는 것들이 모두 이름이 있는 봄나물
이었다.

"스님, 이것도 먹는 거예요?" 아무 풀이나 뽑아서 스님에게 보여줘도 모두 다
먹는 나물이었다. 처음엔 텃밭에 울타리를 치지 않았다고 한다. 산짐승들이
먹어봐야 얼마나 먹겠느냐며 산에서 나는 음식 함께 먹자며 노루, 멧돼지,
다람쥐를 귀엽게만 보셨단다.

그런데 녀석들이 소문을 듣고 시도때도없이 찾아와 산더덕까지 모조리
파먹은 후부터는 울타리를 칠 수밖에 없었다.

내 보기엔 울타리 안이나 밖이나 듬성듬성 풀이 나 있는 게 똑같아 보였지만
지륜스님은 울타리 안에는 잘 보면 냉이도 있고 달래도 자라고 있다고 했다.
나는 방금 딴 돌나물을 잘 씻고 다듬어서 고추장, 식초, 참기름으로 버무려
나물무침을 만들었고 친구는 두부를 부쳤다. 지륜스님은 냉이된장국을 맡았다.
이른 저녁을 먹고 암자 앞 돌장판에 앉았다. 해가 떨어진 자리에서 바람이
불었다. 바람에도 위아래가 있다는 걸 나는 그때 처음 알았다.

"그래, 뭐가 보이니?" 스님의 질문에 나는 바람이 보인다고 대답했다. 철학적
인 대답이 아니라 정말 내 눈에 바람이 지나가는 길이 보였다.

휘휘 바람이 내는 소리 위로 새들이 분주하게 움직였다.

산속의 밤은 유난히 새까맸다. 어둠에 익숙해지자 달이 얼굴을 드러냈다.
산이 까만 것인지 달이 유난히 밝은 것인지 하얀 달에 눈이 부실 지경이었다.
곧이어 달그림자가 바위 위에 드리웠다. 빛이라곤 하늘에 뜬 달뿐이니 의심할
여지 없는 달그림자였다. 나는 친구 귀에 대고 속삭였다.

"여기서 삼겹살 구워먹으면 기가 막히겠다."

친구가 내 허벅지를 꼬집으며 피식 웃었다.

지난겨울, 스님은 산속에서 직접 캐고 다듬은 잣을
작은 종이상자에 담아 보내주셨다.

한 알 한 알 정성으로 다듬은 잣에는 속리산 깊은 산골 암자를 지나가던
바람이 있었고, 밤에도 환한 빛으로 열매를 익게 했을 달빛이 있었다.

#100 여행의 꿈

여행에 대한 아주 구체적인 꿈을 꾸는 사람들이 있다.
"방콕 카오산로드에서 새벽까지 맥주 마시며 취해봤으면."
"모로코에 야경이 기가 막힌 게스트하우스가 있다는데, 꼭 가보고 싶어."
"아프리카 가는데 주사를 스무 대씩이나 맞을 필요는 없다더군.
그래도 말라리아 주사는 필수래."
"이번 가을엔 꼭 지리산 종주에 도전할 거야. 3코스가 좋겠어."
"요즘엔 산티아고보다 쿵스라덴이 뜨고 있대."

저마다 여행에 대한 아주 자세한 목표를 갖고 있다.
나처럼 무작정 떠나고 보는 여행가도 아니다.
시간과 돈이 많아 언제든 떠날 여유가 되는 사람들도 아니다.

카오산로드, 모로코 게스트하우스, 지리산종주, 스웨덴 쿵스라덴.
내게 여행의 꿈을 들려준 이들은 사실, 아직 그곳에 못 가고 있다.
마음먹은 대로 꿈꾸는 대로 여행을 떠난다는 건 정말이지 쉬운 일이 아니다.
사무실 책상 앞에서, 주방에서, 올림픽대로 차 안에서, 그들은 여전히 꿈꾸고
있지만 마음의 절반은 그곳에 가 있는 것이나 다름없다.
이미 선명한 여행의 지도를 가슴속에 품고 있기 때문이다.

떠나고 싶다. 여행 가고 싶다.

아직도 수백 번 창밖만 보며 되뇌고 있다면
지금 당장 여행의 구체적인 꿈을 그려보길 바란다.
그러면 당신이 꿈꾸는 그곳이 날마다 생생하게 다가오기 시작할 것이고
어쩌면 불현듯 용기가 생겨 여행가방을 꾸리게 되는 날이 금방 찾아올지 모른다.

떠 나 고   싶 다 .   여 행 가 고   싶 다 .

아직도 수백 번 창밖만 보며 되뇌고 있다면
지금 당장 여행의 구체적인 꿈을 그려보길 바란다.

여행에서 찾은 100가지 위로

떠난 뒤에 오는 것들

초판 1쇄 | 2012년 9월 10일

지은이 | 이하람

발행인 겸 편집인 | 유철상
책임편집 | 유철상
교정·교열 | 정은선
디자인 | 서은주

펴낸 곳 | 상상출판
주소 | 서울시 동대문구 용두동 790번지 롯데캐슬 피렌체 상가 3층 306호
구입·내용 문의 | **전화** 070-8886-9892~3 **팩스** 02-963-9892
이메일 cs@esangsang.co.kr
등록 | 2009년 9월 22일(제305-2010-02호)
찍은곳 | 다라니

※ 가격은 뒤표지에 있습니다.

ISBN 978-89-94799-29-2(13980)

© 2012 이하람

※ 이 책은 상상출판이 저작권자와 계약에 따라 발행한 것이므로
   본사의 서면 허락 없이는 어떠한 형태나 수단으로 이용하지 못합니다.
※ 잘못된 책은 바꿔드립니다.

www.esangsang.co.kr